バッタ・コオロギ・キリギリス
鳴き声図鑑 | 日本の虫しぐれ

村井貴史 著

北海道大学出版会

タイワンクツワムシ	 クツワムシ
 スズムシ	 ミツカドコオロギ

はじめに

　日本の野山は豊かな虫の音に恵まれています．秋の鳴く虫は，季節を感じさせる代表的な風物詩として，古くから日本人に親しまれてきました．秋だけではなく，春や夏にも虫の音は聞こえてきます．また，北海道から沖縄まで，それぞれの地域で，さまざまな環境に特有の虫の音があります．美しい鳴き声もあれば，地味で小さな声もありますが，いずれもそれぞれに味わい深いものです．鳴く虫は声のみならずその姿も多様で美しく，かっこいい昆虫です．本書では，そんな日本の虫の音と鳴く虫の姿を，それらがすむ野山の風景とともに紹介します．

　野山の虫は単独で鳴いていることもありますが，普通は多くの種類や多くの個体がいっしょに鳴き，「虫しぐれ」として聞こえてきます．本書では，このような虫しぐれをそのままに収録しました．直翅目と呼ばれる昆虫（バッタ，コオロギ，キリギリス類）を対象としていますが，なかには，セミやカエルがいっしょに鳴き，木々のざわめきや人の気配が入った録音も収録しています．自然のなかで聞こえる実際の虫の音を再現したいと考えたからです．

　日本の直翅目のうち，非常に聞き取りにくい小さな声や高音域で鳴く種を除き，人間の耳で普通に聞こえる声で鳴く虫をできるかぎり収録するように努めました．登場する鳴く虫は121種（亜種を含む）となり，北海道から沖縄の与那国島まで，小笠原諸島を除く日本全国の代表的な虫しぐれを網羅しています．「草原」と「森林」に大きく分け，地域，時期，環境を考慮してまとめています．複数の種がいっしょの録音に登場しますので，分類順には並んでいませんが，分類をもとに収録種を探したいときには，巻末の分類順の索引をご利用ください．収録数は183本，総収録時間は2時間17分12秒となりました．虫の音をゆっくり楽しんでいただけると幸いです．

多くの方々にお世話になり，本書はできあがりました。特に，市川顕彦，伊藤ふくお，大阪市立自然史博物館，加納康嗣，河合正人，草刈広一，杉本雅志，冨永　修，花岡皆子のみなさまには，日ごろから鳴く虫について多くのことを教わり，フィールドに同行させていただきました。また，北海道大学出版会の成田和男さんには，本書の出版を引き受けて下さり，多大なご苦労をおかけしました。深く感謝いたします。

2015 年 6 月　村井貴史

目　次

はじめに　　i

Ⅰ．草原の部

秋の草原　　3

鳴き声 /Disc1

[01] 秋の虫しぐれ　4 /[02] オオカメコオロギの音色　4 /[03] スズムシとマツムシ　5 /[04] 朝の虫しぐれ　5 /[05] 草むらのヒゲシロスズ　6 /[06] 堤防の草地でウスイロササキリ　7 /[07] 茅場の虫しぐれ　8 /[08] 高原のスズムシ　9 /[09] カンタンとマツムシ　11 /[10] 単独で鳴くマツムシ　12 /[11] 林間空き地のマダラスズ　12 /[12] 出始めのハラオカメコオロギ　13 /[13] ツヅレサセコオロギの求愛鳴き　14 /[14] 対馬内山峠のツシマオカメコオロギ　15 /[15] 対馬のエンマコオロギ　16 /[16] 水田のエンマコオロギ　16 /[17] エンマコオロギとクマコオロギ　18 /[18] 草積みで鳴くクマコオロギ　19 /[19] 北摂の水田にて　19 /[20] 休耕田の虫しぐれ　20 /[21] 田んぼの陽だまりでオナガササキリ　20 /[22] 花巻の田畑でタンボオカメコオロギ　21 /[23] あぜ道のコバネササキリ　23 /[24] 水田わきのヤチスズ　24 /[25] 小さな湿地の虫しぐれ　25 /[26] 地下で鳴くケラ　25 /[27] 深い草むらにすむヒメコオロギ　28 /[28] 都市の虫しぐれ　29 /[29] 街路樹の芝生にシバスズ　29 /[30] 砂浜の虫しぐれ　30 /[31] 久美浜のハマスズ　31 /[32] 立山常願寺川のカワラスズ　32

目次

種の解説

オオカメコオロギ　4／ミツカドコオロギ　6／ヒゲシロスズ　6／ウスイロササキリ　8／カンタン　8／スズムシ　10／マツムシ　12／マダラスズ　13／ハラオカメコオロギ　14／ツヅレサセコオロギ　15／ツシマオカメコオロギ　16／エンマコオロギ　18／クマコオロギ　19／オナガササキリ　20／タンボオカメコオロギ　22／コバネササキリ　23／ヤチスズ　24／ケラ　26／カスミササキリ　27／ヒメコオロギ　28／シバスズ　29／ハタケノウマオイ　31／ハマスズ　32／カワラスズ　33

囲み記事

フィールド紹介・吉野川　9／美声種　10／フィールド紹介・生石ヶ峰　11／田んぼや畑の鳴く虫　17／録音の機材と方法　23／湿地の鳴く虫　26／カスミササキリ　27／都市の鳴く虫　28／浜辺の鳴く虫　30／河原の鳴く虫　33／鳴き声の表記　34

夏の草むら　35

鳴き声/Disc1

[33] ヒガシキリギリスはやる気満々　35／[34] 会津の山村でヒガシキリギリス　36／[35] けだるく鳴くニシキリギリス　37／[36] 対馬のニシキリギリス　37／[37] コバネヒメギスとヒメギス　38／[38] 早朝のヒメギス　39／[39] カルスト草原のカヤヒバリ　40／[40] 平尾台の夜はオオクサキリ　40／[41] 新潟のオオクサキリ　42／[42] 大声のカヤキリ　43／[43] 単調なクサキリの声　45／[44] メダケのやぶにヒサゴクサキリ　46／[45] パーキングエリアの鳴く虫　46／[46] 対馬のヒロバネカンタン　46／[47] 石鎚山麓道端のナキイナゴ　48／[48] 高原のススキ原でナキイナゴ　49／[49] ツルヨシの河原にはヒゲナガヒナバッタ　50

目　　次

種の解説
ヒガシキリギリス　37／ニシキリギリス　38／ヒメギス　39／コバネヒメギス　40／オオクサキリ　43／カヤキリ　43／クサキリ　45／ヒサゴクサキリ　46／ヒロバネカンタン　48／ナキイナゴ　49／ヒゲナガヒナバッタ　50

囲み記事
フィールド紹介・平尾台　41／うるさい鳴く虫　44

春の野　51

鳴き声／Disc1
[50] アシ原のクビキリギス　51／[51] クビキリギスとカエル　52／[52] シブイロカヤキリのしわがれ声　52／[53] 梅林のコオロギ　54／[54] 春のコオロギ　54／[55] 春に多いタンボコオロギ　54／[56] 能登半島のエゾスズ　58

種の解説
クビキリギス　53／シブイロカヤキリ　53／クロツヤコオロギ　55／タンボコオロギ　55／コガタコオロギ　56／エゾスズ　58

囲み記事
フィールド紹介・淀川　56／フィールド紹介・能登半島　57

高山帯　59

鳴き声/Disc1

[57] 春のタカネヒナバッタ　59／[58] 知床峠のエゾコバネヒナバッタ　60／[59] 渋峠のヤマトコバネヒナバッタ　61／[60] 麦草峠のヤツコバネヒナバッタ　61／[61] クモマヒナバッタのかすかな鳴き声　63／[62] 千畳敷のミヤマヒナバッタ　64／[63] 月山のミヤマヒナバッタ　64／[64] 日光白根山のナキイナゴ　66

種の解説

タカネヒナバッタ　60／エゾコバネヒナバッタ　62／ヤマトコバネヒナバッタ　62／ヤツコバネヒナバッタ　63／クモマヒナバッタ　63／ミヤマヒナバッタ　65

囲み記事

フィールド紹介・中部山岳　65／フィールド紹介・日光と渡良瀬遊水地　66

北海道にて　68

鳴き声/Disc1

[65] 漁港のハネナガキリギリス　68／[66] 野付の浜のハネナガキリギリス　69／[67] 原生花園のカラフトキリギリス　70／[68] 原生花園の夜の虫しぐれ　70／[69] 海岸砂丘のエゾツユムシ　71／[70] 湿原のヒザグロナキイナゴ　71／[71] アシ原のキタササキリ　72／[72] 道南河川敷のヒメクサキリ　73／[73] 夕張駅前のタンボオカメコオロギ　74／[74] エゾエンマコオロギとエンマコオロギ　74／[75] 北海道のエゾエンマコオロギ　74

種の解説

ハネナガキリギリス　69 / カラフトキリギリス　70 / ヒザグロナキイナゴ　71 / キタササキリ　72 / エゾエンマコオロギ　75

囲み記事

フィールド紹介・道東　73

琉球の草むら　76

鳴き声 /Disc1

[76] 奄美大島のオキナワシブイロカヤキリ　76 / [77] アシグロウマオイの大声　77 / [78] 最近増えてきたタイワンカヤヒバリ　78 / [79] 水たまりのほとりでケラとヒメアマガエル　79 / [80] 紅芋畑のタンボコオロギ　80 / [81] 畑のフタイロヒバリ　80 / [82] 雑草地のオキナワキリギリス　80 / [83] サトウキビ畑の虫しぐれ　83 / [84] 道路わきのカマドコオロギ　83 / [85] 芝生地のオガサワラクビキリギス　85 / [86] 道ばたのネッタイシバスズ　85 / [87] 深夜のフタホシコオロギ　86 / [88] 林間芝生地のヒメコガタコオロギ　87 / [89] 牧草地の虫しぐれ　88 / [90] 石垣島のヒロバネカンタン　89 / [91] 雑草地にすむインドカンタン　89 / [92] サンゴ礁の浜辺でイソスズ　90 / [93] イソカネタタキとイワサキクサゼミ　92 / [94] 与那国馬の牧場でマメクロコオロギ　92 / [95] バットディテクターで聞くマダラバッタ　92

種の解説

オキナワシブイロカヤキリ　77 / アシグロウマオイ　78 / タイワンカヤヒバリ　79 / フタイロヒバリ　80 / オキナワキリギリス　83 / カマドコオロギ　84 / オガサワラクビキリギス　85 / ネッタイシバスズ　86 / フタホシコオロギ　86 / ヒメコガタコオロギ　87 / チャイロカンタン

89／インドカンタン　89／イソスズ　90／マメクロコオロギ　92／マダラバッタ　94

囲み記事

ドラミング　81／鳴くしくみと役割　82／沖縄の海岸　91／おそるべし，録音機の進歩　94

II．森林の部

照葉樹林　97

鳴き声／Disc2

［01］淡路先山のクチキコオロギ　98／［02］屋久島の照葉樹林でクチキコオロギ　98／［03］屋久島のクロツヤコオロギ　100／［04］南紀のナツノツヅレサセコオロギ　100／［05］照葉樹林縁のヤブキリ　100／［06］対馬名物のコズエヤブキリ　101／［07］対馬特産のツシマフトギス　101／［08］対馬のハタケノウマオイ　102／［09］前奏の長いセスジツユムシ　103／［10］森で鳴くスズムシ　104／［11］集まって鳴くヒメクダマキモドキ　104／［12］ウバメガシ林のヤマトヒバリとクチキコオロギ　105

種の解説

クチキコオロギ　98／ツシマフトギス　101／セスジツユムシ　103／ヒメクダマキモドキ　104／ヤマトヒバリ　106

囲み記事

フィールド紹介・屋久島　99 / フィールド紹介・対馬　102 / 野山歩きの道具　107

里と里山　108

鳴き声 /Disc2

[13] クツワムシのにぎやかな夜　109 / [14] 夏の雑木林で　109 / [15] 晩夏の里山の虫しぐれ　110 / [16] 雑木林のハヤシノウマオイ　110 / [17] 短く鳴くヤブキリ　112 / [18] 林道の草間にキンヒバリ　112 / [19] コナラ林のヤマクダマキモドキ　113 / [20] クマスズムシとモリオカメコオロギ　115 / [21] クヌギ林のヒメスズ　116 / [22] 晩秋のクツワムシ　117 / [23] 林道の茂みでクサヒバリ　117 / [24] 対馬のウスリーヤブキリ　118 / [25] 公園のクチナガコオロギ　119 / [26] アオマツムシの合唱　120 / [27] 植木の鳴く虫　122 / [28] カネタタキのお客様　122 / [29] カネタタキとツクツクボウシ　123 / [30] 宅地のまわりのクサヒバリ　124

種の解説

クツワムシ　109 / ハヤシノウマオイ　111 / キンヒバリ　113 / ヤマクダマキモドキ　113 / クマスズムシ　116 / モリオカメコオロギ　116 / ヒメスズ　117 / クサヒバリ　118 / ウスリーヤブキリ　119 / クチナガコオロギ　119 / アオマツムシ　121 / カネタタキ　123

囲み記事

フィールド紹介・舞鶴　111 / フィールド紹介・笹部　114 / 町の鳴く虫　120 / 時代劇のアオマツムシ　122 / カネタタキと鳴く虫の観察会　124 / 立ち止まって見えるもの　124 / ストロボ大好き　125

山の落葉樹林　126

鳴き声/Disc2

[31] 山村のエゾツユムシ　126／[32] 前奏入りヒメクサキリ　127／[33] 寸又峡の虫しぐれ　128／[34] 白州尾白沢渓谷のヒナバッタ　128／[35] 立山山麓のヤブキリ　129／[36] 紀伊山地のコズエヤブキリ　130／[37] 紀伊半島のヤブキリ　130／[38] 霧ヶ峰湿原のヤブキリ　130／[39] 伯耆大山のヤブキリ　131／[40] 伊吹山のヤマヤブキリ　131／[41] 六十里越のヒメギス　134／[42] 六十里越峠のハラミドリヒメギス　134／[43] 日高山脈日勝峠のイブキヒメギス　135／[44] ブナ林で鳴くイブキヒメギス　135／[45] 高ボッチのミヤマヒメギス　137／[46] 大山のヒョウノセンヒメギス　137／[47] 日暮れによく鳴くエゾツユムシ　140／[48] 四国山地に多いホソクビツユムシ　140／[49] スギ林のヘリグロツユムシ　141／[50] 高野山のコガタカンタン　143／[51] 剣山のヒロバネヒナバッタ　143／[52] 亜高山のヒロバネヒナバッタ　144／[53] もうすぐ山の冬　145

種の解説

ヒメクサキリ　127／ヒナバッタ　129／ヤブキリ　132／ヤマヤブキリ　133／コズエヤブキリ　134／イブキヒメギス　138／ヒョウノセンヒメギス　138／ハラミドリヒメギス　139／ミヤマヒメギス　139／エゾツユムシ　140／ホソクビツユムシ　141／ヘリグロツユムシ　142／コガタカンタン　143／ヒロバネヒナバッタ　145

囲み記事

前奏　128／ヤブキリの分類　132／コズエヤブキリの学名　134／フィールド紹介・山形県西川町　136／イブキヒメギスの分類　137／フィールド紹介・四国山地　142／なんでもさがそう　146

亜熱帯の森 147

鳴き声/Disc2

[54] 竹林の梢でズトガリクビキリ 148/[55] カエルの合唱とズトガリクビキリ 148/[56] 沖縄の美声種リュウキュウサワマツムシ 149/[57] リュウキュウサワマツムシとリュウキュウカジカガエル 149/[58] やんばるの森でリュウキュウチビスズとオオシマゼミ 151/[59] 深夜のやんばるの森で鳴くクマスズムシ 152/[60] 朝の森でナツノツヅレサセコオロギ 152/[61] ナツノツヅレサセコオロギの求愛鳴き 154/[62] 沖縄のツユムシ類の虫しぐれ 154/[63] けっこうよく鳴くヒラタツユムシ 156/[64] やんばるの林道ぞいの草むらで 157/[65] やんばるの林道でオナガササキリ 158/[66] タイワンクツワムシを前奏から 158/[67] 大宜味村の渓谷林でタイワンウマオイ 159/[68] 山間草地のタイワンウマオイ 160/[69] 林縁の湿地にいたネッタイヤチスズ 161/[70] タイワンエンマコオロギとリュウキュウアブラゼミ 161/[71] リュウキュウマツ林の草地でオキナワマツムシ 162/[72] タイワンハンノキが枯れてできた草地にいたヤマトヒバリ 163/[73] マングローブのダイトウクダマキモドキ 164/[74] マングローブのキンヒバリ 165/[75] ヤエヤマヒルギのマングローブでヒルギカネタタキ 165/[76] モンパノキとクサトベラの林にはオチバカネタタキ 167/[77] ギンネムのしげみでイソカネタタキ 168/[78] 西表島のセスジツユムシ 169/[79] 西表島のササキリ 170/[80] いつものネッタイオカメコオロギ 170/[81] あんがい特徴的なリュウキュウカネタタキの声 171/[82] 西表島の春の夜にヤエヤマオオツユムシ 172/[83] 森の虫しぐれとヤエヤマハラブチガエル 173/[84] 西表島の森でヤエヤマクチキコオロギ 173/[85] 与那国の森でヨナグニクチキコオロギ 174/[86] 西表島のリュウキュウサワマツムシ 175/[87] アイフィンガーガエルと鳴くマダラコオロギ 176/[88] 夕闇迫る西表島の森 177

種の解説

ズトガリクビキリ 148 / リュウキュウチビスズ 152 / ナツノツヅレサセコオロギ 154 / オキナワヘリグロツユムシ 155 / サキオレツユムシ 155 / ナカオレツユムシ 156 / ヒラタツユムシ 157 / カヤヒバリ 158 / タイワンクツワムシ 159 / タイワンウマオイ 161 / ネッタイヤチスズ 161 / タイワンエンマコオロギ 162 / オキナワマツムシ 163 / ダイトウクダマキモドキ 165 / ヒルギカネタタキ 166 / オチバカネタタキ 168 / イソカネタタキ 169 / ササキリ 170 / ネッタイオカメコオロギ 171 / リュウキュウカネタタキ 172 / ヤエヤマオオツユムシ 172 / ヤエヤマクチキコオロギ 174 / ヨナグニクチキコオロギ 174 / リュウキュウサワマツムシ 175 / マダラコオロギ 176 / コバネマツムシ 177

囲み記事

フィールド紹介・奄美大島 150 / セミとカエルと鳥 151 / フィールド紹介・やんばる 153 / タイワンハムシとノグチゲラ 164 / マングローブ 166 / コバネマツムシの鳴き声 177 / フィールド紹介・西表島 178

参考図書　180
和名索引　181
学名索引　184
分類索引　188

Ⅰ. 草原の部

オオクサキリ

ツヅレサセコオロギ

秋の草原

　草むらは鳴く虫の最も豊かなところです。秋の夜には，名だたる美声の鳴く虫たちが勢ぞろいします。山の草原や河原，浜辺には，多くの虫が鳴き声を聞かせてくれます。また，人の手が加わることによりできた田畑のまわりの草地や都会の雑草地にも鳴く虫たちはすんでいます。本州から九州の，秋の草原に見られる虫しぐれを集めました。

秋の草むらを彩るススキ

夕日にかがやくキンエノコロの草原

[Disc1-01] 秋の虫しぐれ

2011年9月22日21時．徳島県脇町吉野川。収録時間60秒。

オオカメコオロギ「リッリッリッリッリッ」，ハタケノウマオイ「ジッ ジッ ジッ」，マツムシ「ピッ ピリリ」，スズムシ「リー」

オオカメコオロギの鳴き声はカタカナで書けば「リッ」となってしまうのですが，微妙な丸みとつやがあり，かなりの美声です。河川敷や社寺の林などにすみますが，不思議なことに非常に局所的で，数えるほどしか生息地が知られていない珍種のコオロギです。吉野川河川敷の竹林に近い草むらで，オオカメコオロギが鳴いていました。ほどよく離れてマツムシやスズムシが鳴き，ハタケノウマオイが引き締める，バランスのよい美しい虫しぐれでした。

[Disc1-02] オオカメコオロギの音色

2011年9月22日21時．徳島県脇町吉野川。収録時間90秒。

オオカメコオロギ「リッリッリッリッリッ」，マツムシ「ピッ ピリリ」，スズムシ「リー」，ツヅレサセコオロギ「リー リー リー」

オオカメコオロギの声が大好きなので，もう1本収録しました。少し音源に近づいて，オオカメコオロギの響きを強調した録音にしてみました。オオカメコオロギはやぶの奥で鳴いていて容易に近づけないことが多いのですが，運よく竹林のなかの歩道わきで鳴いている個体を見つけました。

オオカメコオロギ *Loxoblemmus magnatus*　　　　　　　　Disc 1-01, 02

大型のオカメコオロギ類。オスの触角第1節にはハラオカメコオロギなどに見られるような突起はない。体長♂ 17〜21 mm，♀ 17〜20 mm。河川敷や神社の林などで見つかるが，きわめて局所的。秋に成虫。本州，四国，九州に分布する。

オオオカメコオロギ♂　　　　　　オオオカメコオロギ♀

[Disc1-03] スズムシとマツムシ

2012年9月23日22時。徳島県脇町吉野川。収録時間30秒。

スズムシ「リーン」、マツムシ「ピ　ピリリ」、ヒロバネカンタン「ビュービュー」

河川敷の草むらは鳴く虫の観察しやすいところです。特に西日本の大きな河川敷の草むらでは、スズムシやマツムシがとても多く、にぎやかな虫しぐれとなります。吉野川の河川敷の少し湿った草地で、さかんに鳴くマツムシのあいまにスズムシが入り、少し離れてヒロバネカンタンが鳴いています。この場所は、道路から遠いために車の騒音が気にならず、虫しぐれをゆっくり楽しめます。

[Disc1-04] 朝の虫しぐれ

2012年9月24日7時。徳島県脇町吉野川。収録時間30秒。

ミツカドコオロギ「リッ　リッ　リッ　リッ　リッ」、エンマコオロギ「コロコロリーリー」、シバスズ「ジー」

朝の河川敷の草むらで、コオロギが鳴いていました。虫しぐれは夜によく聞かれるものですが、朝の気温が低い時間にもよく鳴くものがいます。朝は明るいので、気軽に歩くことができ、夜にはうるさいほど鳴くマツムシが鳴かないので、コオロギ類の声を楽しむのにはよい時間帯です。ミツカドコオロギはオカメコオロギ類によく似た鳴き声ですが、より鋭く大きな鳴き声です。

ミツカドコオロギ　*Loxoblemmus doenitzi*　　Disc 1-04, 28

　オスの顔面は黒くて平たく，上方および側方に特徴的な突起がある。メスはオカメコオロギ類に似るがやや大型で，小顎髭が白い。体長♂約 18 mm，♀ 17 mm。明るい草原に普通。秋に成虫。本州，四国，九州，大隅諸島に分布する。

ミツカドコオロギ♂　　　　　　　　　　　ミツカドコオロギ♀

［Disc1-05］草むらのヒゲシロスズ

　2012年9月23日21時，徳島県脇町吉野川。収録時間30秒。
　ヒゲシロスズ「ビリリリリ」，スズムシ「リーン」，マツムシ「ピッ　ピリリ」，カンタン「ルルルルル」，ハラオカメコオロギ「リリリリ」
　吉野川の河川敷のなかで，やや丈の高い草むらになっている場所で，ヒゲシロスズがよく鳴いていました。ヒゲシロスズはよく茂った草むらの地表にすみ，震えるような小さな声で鳴きます。にぎやかな虫しぐれのなかでは，ヒゲシロスズはよく聞かないとまぎれてしまうため，マイクをヒゲシロスズに近づけて，まわりの虫の音を控えめに入れてみました。

ヒゲシロスズ　*Polionemobius flavoantennalis*　　Disc 1-05

　体は黒っぽく，光沢が強い。触角の基部半分は白く，よく目立つ。体長♂ 6.0 mm，♀ 6.8 mm。深い草むらの地表にすむ。秋に成虫。本州，四国，九州，対馬に分布する。

ヒゲシロスズ♂　　　　　　　　　　　　ヒゲシロスズ♀

[Disc1-06] 堤防の草地でウスイロササキリ

2011年9月22日17時，徳島県脇町。収録時間30秒。

　ウスイロササキリ「ツルルルル」，ハラオカメコオロギ「リリリリ」，シバスズ「ジー」，アオマツムシ「リィーリィー」，スズムシ「リー」

　吉野川の堤防の草地で，ウスイロササキリが鳴いています。人のひざくらいの高さの明るい草地に多いササキリの仲間です。いかにもササキリ類らしい，こするような鳴き声ですが，微妙につやをおびた響きがあります。野外では聞き取りにくく，少し離れると聞こえなくなります。周囲ではいろいろな鳴く虫がいるのですが，マイクを近づけてウスイロササキリの声を強調した録音にしました。

鳴いているウスイロササキリ♂　　　　　ウスイロササキリ♀

ウスイロササキリ　*Conocephalus chinensis*　　　Disc 1-06

　翅は長く，産卵器は短くてほぼまっすぐ。頭部はほかのササキリ類よりもとがる。多くは緑色。体長 13〜18 mm。明るい草地に普通。北日本では年1化で秋に成虫，南日本では年2化で夏から秋に成虫。北海道，本州，四国，九州，伊豆諸島，対馬，屋久島などに分布する。

[Disc1-07] 茅場の虫しぐれ

　2013年8月28日20時，和歌山県紀美野町生石ヶ峰。収録時間30秒。

　カンタン「リュリュリュリュリュ」，ハヤシノウマオイ「ツイーチョ」，モリオカメコオロギ「リーリリリ」，エンマコオロギ「コロコロリーリー」

　夏のおわり，日が暮れた山の草原はカンタンの声につつまれました。ハヤシノウマオイなど，ほかの鳴く虫もにぎやかです。カンタンは近畿地方では少し山手に多い鳴く虫です。ハイキングでひとのぼりするような山の上で，ちょっとした草むらがあるとよく見られます。山の茅場のような草原では，とてもたくさんのカンタンがすんでいます。

カンタン　*Oecanthus longicauda*　　　Disc 1-05, 07, 08, 09, 68, 2-15, 37, 49

　体は淡緑色〜黄褐色。腹側は通常黒い。オスの翅は薄くて透明の部分が大きい。体長 14〜18 mm。林縁の低木上や草地にすむ。秋に成虫。北海道，本州，四国，九州に分布する。

カンタン♂　　　　　　　　　　カンタン♀

フィールド紹介・吉野川

　一般に，大きな河川の河川敷では鳴く虫が豊富ですが，西日本の温暖な地域では特に多くの種が生息します。徳島県の吉野川中流域の河川敷では，草地，砂地，ヨシ原，竹林が寄せ集まっていて，鳴く虫の種類も個体数もきわめて多く，都市の喧騒から離れているのでたいへんよい観察地です。吉野川名物のオオカメコオロギがすむことも大きな魅力。周囲には，剣山をはじめ名だたる四国山地がひかえています。四国に行くと，日中は山を渡り歩き，日暮れには河へおりて，鳴く虫三昧です。

草むらや竹林がまじる吉野川河川敷

[Disc1-08] 高原のスズムシ

2013年9月24日20時，和歌山県紀美野町生石ヶ峰。収録時間30秒。

　スズムシ「リーン　リーン」，ハラオカメコオロギ「リリリリ」，カンタン「リュリュリュリュ」，セスジツユムシ「チッチッチッチッチー」

　スズムシは日本の鳴く虫の代表格です。江戸時代のように鳴く虫を飼育して楽しむ文化はかなりすたれてしまいましたが，スズムシだけは今でもよく飼われています。飼っているスズムシは「リーン」と鈴を振るように競って鳴きますが，野生のスズムシは密度が低いせいか「リー」とあっさりした声

のことが多く，飼育個体からくるスズムシのイメージには合わないかもしれません。高原のススキ原で，わりとよく振って鳴くスズムシに出会いました。背景にはカンタンなどの虫しぐれが小さく入り，セスジツユムシが小さく聞こえます。

スズムシ　*Meloimorpha japonica*　　Disc 1-01, 02, 03, 05, 06, 08, 2-10

オスの翅は非常に大きく，発音器が発達する。体は黒く，触角は大部分白い。体長 16〜19 mm。やや湿ったよく茂った草原にすむ。最も有名な鳴く虫のひとつ。秋に成虫。北海道(移入)，本州，四国，九州，対馬，種子島に分布する。

鳴いているスズムシ♂　　　　　　　　スズムシ♀

美声種

人が聞いて美しいと感じる虫の音は，好みによりさまざまなので，客観的な基準はありませんが，スズムシ，マツムシ，カンタンなど，美声として親しまれている有名な鳴く虫もいくつかあります。ほどよい音の高さと音量をもち，テンポに変化のある声が美しいと感じますね。私の好みは，エンマコオロギ，オオオカメコオロギ，リュウキュウサワマツムシ，オキナワマツムシ，キンヒバリ，リュウキュウカネタタキといったところです。みなさんはいかがですか。

フィールド紹介・生石ヶ峰

　和歌山県の生石ヶ峰は，山頂一帯にススキの草原がひろがります。このような山地の草原は，多くはかやぶき屋根などに使う茅をとるために，人の手により維持されてきた「茅場」です。茅の需要が少なくなり，茅場も減ってきているのですが，西日本の山地に残る茅場では，ときとしてきわめて豊富な鳴く虫が見られることがあります。生石ヶ峰のススキ原でも，秋の夜には一帯がカンタンやスズムシの声につつまれます。周囲の人工的な騒音のない静かな山中で，星空を見上げながら，虫しぐれを堪能します。

生石ヶ峰の草原

[Disc1-09] カンタンとマツムシ

　2011年9月11日21時，京都府舞鶴市五老岳。収録時間60秒。

　カンタン「ロロロロロロロ」，マツムシ「ピンピリリ」

　林のまわりの草地で，カンタンとマツムシが競演しています。カンタンはやや単調な声ですが，ほかの種に比べるとやや低い声で人の耳には聞きやすく，心地よい鳴く虫です。マツムシは変化のある美声ですが，近くで鳴くと高音が耳につくかもしれません。近くでカンタンが鳴き，少しはなれてマツムシがアクセントを添えるように聞こえる，なかなかよい虫しぐれでした。

[Disc1-10] 単独で鳴くマツムシ

2013年10月9日19時，和歌山県和歌山市加太。収録時間90秒。

マツムシ「ピッ　ピリリ」，ヒロバネカンタン「ビー　ビー」

マツムシはスズムシとならんで有名な鳴く虫です。「ちんちろりん」と聞きなしされる声はたしかに美しいものですが，金属的で大きな声なので多数が鳴いていると少々うるさくもあります。マツムシの独特のテンポや音色を楽しむには，単独で鳴いているところを探すのがいちばん。録音は，海に近い丘陵のウバメガシ林を通る道路ぞいで，法面にちょっとした草地がある場所。マツムシの生息地としては狭いためか，1匹だけでマツムシの声が聞こえました。

マツムシ　*Xenogryllus marmoratus marmoratus*　Disc 1-01, 02, 03, 05, 09, 10, 30

体は麦わら色で肢が長い。オスの翅はやや幅広い。体長19〜22 mm。やや乾燥した丈の高い草原にすむ。著名な鳴く虫。秋に成虫。本州（中南部），四国，九州，伊豆大島に分布する。

マツムシ♂　　　　　　　　　　　　マツムシ♀

[Disc1-11] 林間空き地のマダラスズ

2011年8月22日19時，兵庫県淡路島先山。収録時間30秒。

マダラスズ「ビィー　ビィー」，クチキコオロギ「リュイー」，クツワムシ

「カリカリ」

　マダラスズは丈の短い草地にすむ小さなコオロギ。よくにたところにすむシバスズとは，鳴き声が短く区切ることで見分けがつきます。山のなかでも少しばかりの空き地があれば，マダラスズの鳴き声が聞こえます。淡路先山の照葉樹林のなかにぽっかりできた空き地で，マダラスズが鳴いていました。森の奥ではクチキコオロギが鳴き，少し離れてクツワムシがつぶやくように少し声を出します。

マダラスズ　*Dianemobius nigrofasciatus* 　Disc 1-11, 26, 2-37

　後腿節には明瞭な黒斑があり，まだら模様となる。体長♂ 6.2〜7.7 mm，♀ 6.4〜7.4 mm。明るい草地や裸地にすみ，市街地にも普通。年1〜2化で夏から秋に成虫。北海道，本州，四国，九州，南西諸島（奄美大島以北）に分布する。

マダラスズ♂　　　　　　　　　マダラスズ♀

[Disc1-12] 出始めのハラオカメコオロギ

　2011年8月23日21時，兵庫県猪名川町西軽井沢。収録時間30秒。

　ハラオカメコオロギ「リリリリリリ」，ツヅレサセコオロギ「リー　リーリー」，ハヤシノウマオイ「ツイー」，シバスズ「ジー」

　山間の空き地で，ハラオカメコオロギが鳴いていました。まわりではいろいろな鳴く虫の声がします。ハラオカメコオロギはよく似た鳴き声のオカメ

コオロギ類のなかで最もはやいテンポで鳴きます。特に、夏のおわりから秋の初めにかけての出始めのころには特徴がわかりやすいです。秋遅くに気温が下がってくるころになると、ハラオカメコオロギもゆっくり鳴くようになり、鳴き声では区別がつきにくくなります。

ハラオカメコオロギ　*Loxoblemmus campestris*　Disc 1-05, 06, 08, 12, 19, 23, 37, 2-15

　オスの顔は平たく、触角の第1節に突起がある。ほかのオカメコオロギ類とよく似ているが、鳴き声が異なり、オスの前翅の端部の網状部は短く、腹面は白っぽい。体長♂ 14〜15 mm、♀ 12〜15 mm。明るい草地に普通。秋に成虫。北海道、本州、四国、九州、対馬、薩南諸島に分布する。

ハラオカメコオロギ♂　　　　ハラオカメコオロギ♀

[Disc1-13] ツヅレサセコオロギの求愛鳴き
　2012年10月6日14時、長崎県対馬内山峠。収録時間60秒。

　ツヅレサセコオロギ「リー　ツリー　ツリー」、モリオカメコオロギ「リーリリリ」

　林道の路上でツヅレサセコオロギが鳴いています。「リーリーリーリー」という通常の鳴き方(呼び鳴き)ではなく、ちょっとひっかかったような弱めの声。これはメスが近くにいるときの鳴き方で、「求愛鳴き」と呼ばれています。この声が「ツヅレサセ」という名前のもととなったそうです。いわれ

てみれば,「ツヅレー」とも聞こえますね。ツヅレサセコオロギの求愛鳴きは昼間によく聞くことができます。

ツヅレサセコオロギ　*Velarifictorus micado*　　　Disc 1-02, 12, 13, 19, 25

　枯草色の中型のコオロギ。眼のあいだに黄色い帯があり,その中央でかなり細くなる。体長約 16 mm。気が強く,中国の闘蟋に用いられる。草原,耕作地,人家周辺などできわめて普通で,秋の鳴く虫の代表種。秋に成虫。北海道,本州,四国,九州,対馬に分布する。

ツヅレサセコオロギ♂　　　　　　　　ツヅレサセコオロギ♀

[Disc1-14] 対馬内山峠のツシマオカメコオロギ

2012年10月6日13時,長崎県対馬内山峠。収録時間60秒。

　ツシマオカメコオロギ「リリリリリ」

　対馬の鳴く虫の仲間には,中国大陸と関係の深い特産種がいくつか知られていますが,その多くはなぜか初夏のころに見られます。秋になると対馬の鳴く虫は本州にもいるような種ばかりになり,あまり対馬らしい顔ぶれではなくなります。そのなかで,ツシマオカメコオロギは唯一秋に出る対馬らしい鳴く虫です。ミツカドコオロギによく似ていて,ミツカドコオロギよりはテンポがはやく,すこしやわらかい音色です。録音は渡り鳥の観察地として有名な内山峠。展望台のまわりの芝生地で鳴いていました。

ツシマオカメコオロギ　*Loxoblemmus tsushimensis*　Disc 1-14

ミツカドコオロギに似るが，オスの顔面側方の突起が小さい。体長♂約 18 mm，♀約 19 mm。秋に成虫。明るい草地にいる。九州，対馬に分布する。

ツシマオカメコオロギ♂　　　　　　　ツシマオカメコオロギ♀

[Disc1-15] 対馬のエンマコオロギ

2012 年 10 月 6 日 15 時，長崎県対馬内山峠。収録時間 60 秒。

エンマコオロギ「コロコロリーリリー」

対馬の山中，雑木林を通る林道ぞいに小さなススキの草地があり，1 匹のエンマコオロギが鳴いていました。多くの個体が競うように鳴くことの多いエンマコオロギですが，単独で鳴いていると少しのんびりとした感じで，これもまた味わい深いものです。一般に，対馬は本州あたりとは少し異なる生物相が見られます。対馬のエンマコオロギも，ひょっとして本州のとは別種だったりしないかと，つい勘ぐってしまうのですが，声を聞くかぎり本州のエンマコオロギと変わらない感じです。

[Disc1-16] 水田のエンマコオロギ

2012 年 8 月 24 日 20 時，兵庫県猪名川町。収録時間 30 秒。

エンマコオロギ「コロコロリーリーリー」，クマコオロギ「チリッ」

水田のあぜでエンマコオロギがさかんに鳴いています。エンマコオロギの鳴き声はやわらかい音色とほどよい音量，変化のある節回しをかねそなえ，

田んぼや畑の鳴く虫

　田んぼや畑には，たくさんの鳴く虫がすんでいます。人の手でつくり出された環境ですが，虫にとってはすみ心地のよい草地であるのかもしれません。山すその小さな田んぼや畑は，特に鳴く虫の絶好の観察地です。あぜ道や周辺の雑草地を歩くと，コオロギやバッタが次々と跳び出してきます。

田畑をいろどるヒガンバナ

水田の畦

日本の鳴く虫のなかでは第一級の美声種です。野山から街中にいたるまで、ごく普通にいるので、スズムシやマツムシほどありがたがられることがないのですが、このようなよい鳴く虫が身近にいることは、鳴く虫を楽しむにはとてもありがたいことです。

エンマコオロギ　*Teleogryllus emma*　Disc 1-04, 07, 15, 16, 17, 18, 20, 28, 37, 72, 74, 2-15, 23, 33

体は黒褐色で大型。ほかのエンマコオロギ類とよく似るが、鳴き声やオスの交尾器などで区別される。眼の縁にある黄褐色の眉紋は通常狭いが明瞭。体長♂ 29〜35 mm、♀ 33〜35 mm。草地にきわめて普通で、人家周辺にも多い。秋に成虫。北海道、本州、四国、九州、伊豆大島、対馬に分布する。

エンマコオロギ♂　　　　　　　　エンマコオロギ♀

[Disc1-17] エンマコオロギとクマコオロギ

2011年8月30日21時、兵庫県川西市笹部。収録時間60秒。

エンマコオロギ「コロコロリーリー」、クマコオロギ「チリ　チリ」

水田のあぜ道でエンマコオロギとクマコオロギがいっしょに鳴いていました。大きな声で鳴くエンマコオロギと小さな声のクマコオロギをバランスよく収めることができるよう、両者との距離と録音レベルを調整して録音してみました。改めて聞いてみるとよく似合う組み合わせです。

[Disc1-18] 草積みで鳴くクマコオロギ

2011年8月25日21時，兵庫県川西市笹部。収録時間30秒。

クマコオロギ「チリ　チリ　チィー」，エンマコオロギ「フィリリリー」，アオマツムシ「リー　リー」

　水田のあぜ道で，刈り取った雑草を積んだところにクマコオロギが鳴いていました。名前に似合わず小さなかわいらしいコオロギで，鳴き声はあまり目立ちませんが，近畿地方の山すその田んぼ周辺ではごく普通にいて，よく注意するとその小さな声を聞くことができます。まわりではエンマコオロギやアオマツムシが大きな声で鳴いているので，クマコオロギにマイクをぐっと寄せてその鳴き声を強調してみました。チリッという短い声をくりかえしますが，ときおりチィーと引っ張る声をまじえます。

クマコオロギ　*Mitius minor*　　　　　　　　Disc 1-16, 17, 18, 19, 25

　体が黒く，肢が黄色い小型のコオロギ。翅はやや短い。体長約12 mm。やや湿った草地にいる。秋に成虫。本州，四国，九州，対馬，種子島に分布する。

クマコオロギ♂　　　　　　　　クマコオロギ♀

[Disc1-19] 北摂の水田にて

2012年8月24日19時，兵庫県猪名川町民田。収録時間60秒。

ツヅレサセコオロギ「リーリーリーリーリー」，ハラオカメコオロギ「リ

リリリリ」，クサキリ「ジー」，クサヒバリ「フィリリリリ」，クマコオロギ「チルッ」

　大阪府の能勢地方から兵庫県の川西市や猪名川町にかけて，いわゆる北摂の丘陵地は昆虫の宝庫として有名な地域です。今では宅地開発などで開けてしまって，かつてほどの貫禄はありません。それでも，そこかしこにその片鱗を残しています。民田は国道から少し外れた小さな盆地で，いかにも北摂らしい雰囲気を残した地域です。水田まわりの草地で多くの鳴く虫が虫しぐれを奏でていました。

[Disc1-20] 休耕田の虫しぐれ

　2012年8月16日21時，兵庫県猪名川町民田。収録時間30秒。

　エンマコオロギ「コロコロリー」，ヒメギス「シリリリリ」，ヒガシキリギリス「ギィー」，ハヤシノウマオイ「ツイー」

　休耕田の草地で，ヒメギスが鳴いています。ヒメギスは湿った草地を好む夏の鳴く虫です。ときおり，ヒガシキリギリスの声が入り，少し離れた雑木林ではハヤシノウマオイが鳴いています。おおむね夏の鳴く虫ですが，エンマコオロギが鳴いて，少し秋の気配です。

[Disc1-21] 田んぼの陽だまりでオナガササキリ

　2012年10月2日11時，兵庫県猪名川町栃原。収録時間30秒。

　オナガササキリ「ジリリ　ジリリ　ジリリ」，クサヒバリ「フィリリリリ」

　オナガササキリはササキリの仲間では比較的大きな聞き取りやすい声で鳴き，昼間の明るい草地で鳴くので，なじみの深い種類です。稲刈りのすんだ水田のまわりの草地でオナガササキリがよく鳴いていました。晩秋の陽をうけた草むらにオナガササキリはよく似合います。

オナガササキリ　*Conocephalus gladiatus*　　　　　　　　Disc 1-21, 2-23, 65

　大型のササキリ類で，メスの産卵器はきわめて長くてまっすぐ。緑色型と黄褐色型がある。体長15〜21 mm。やや丈の高い明るい草地に普通。夏から秋に成虫。本州，四国，九州，佐渡島，隠岐，対馬に分布する。

オナガササキリ♂　　　　　　　　　　　オナガササキリ♀

[Disc1-22] 花巻の田畑でタンボオカメコオロギ

2011年10月2日11時，岩手県花巻市。収録時間30秒。

タンボオカメコオロギ「リリ　リリ　リリ」

タンボオカメコオロギは日本のオカメコオロギ類のなかでは最も北に分布する種で，西日本ではごくかぎられたところからしか見つかっていないのですが，東北や北海道では普通に見られます。ゆっくりとした鳴き声で，「リー」という一声のなかにごく短い途切れがあり，大げさに書くと「リリ」と二声で構成されるように聞こえるのが特徴です。花巻の平野で，一面の田んぼや畑がひろがります。畑のわきの少しばかりの草地でタンボオカメコオロギの声が聞こえました。

花巻の田園

タンボオカメコオロギ　*Loxoblemmus aomoriensis*　Disc 1-22, 73

　ほかのオカメコオロギ類によく似るが,体は黒っぽく,腹部は赤黒い。体長♂11〜14 mm,♀11〜17 mm。湿った草地にいて,西日本ではまれだが,北日本では普通。秋に成虫。北海道,本州,四国,九州に分布する。

タンボオカメコオロギ♂　　　　　　　　タンボオカメコオロギ♀

録音の機材と方法

　本書で収録した音源は，以下のような機材を用いて録音しました．録音機はSONYのPCM-D50というリニアPCMレコーダーです．この機種には録音開始ボタンを押すと，その5秒前からさかのぼって録音されるという機能があり，いつも利用しています．操作するときに発生する雑音を抑えるため，有線でリモート操作ができるRM-PCM1というアクセサリーを使い，カメラ用の三脚で録音機を固定します．外部マイクや集音装置は用いず，録音機の内蔵マイクに防風用のウィンドジャマーを取り付けて使っています．録音レベルはマニュアルで設定します．特定の音源だけをねらって録音する場合は，できるだけ音源に近づき，その分録音レベルをしぼります．逆に周囲の音をひろく入れたい場合には，少し距離をとり，録音レベルを上げて録音します．

[Disc1-23] あぜ道のコバネササキリ

2012年10月20日11時，大阪府豊能町妙見口．収録時間30秒．

コバネササキリ「ジィジィジィジィ」，ハラオカメコオロギ「リリリリ」

　里山にかこまれた水田のあぜ道で，晩秋の陽だまりにコバネササキリがたくさんいました．コバネササキリは，本来は河口のアシ原などにすむ少し珍しい種類なのですが，北摂の山あいでは，どういうわけか水田まわりの草地に普通にいて，あぜの草地はコバネササキリだらけだったりします．鳴き声は聞きとりにくい小さな声ですが，よく注意すると昼間にさかんに鳴いています．

コバネササキリ　*Conocephalus japonicus*　　　　Disc 1-23

　翅は通常短く，腹端にとどく程度だが，長翅型もいる．産卵器は長くて少し上に曲がる．緑色型と褐色型があるが，褐色型は少ない．体長13〜20 mm．水田周辺や低湿地などの草原にいるが，局所的．秋に成虫．北海道，本州，四国（まれ），九州（まれ），南西諸島に分布する．

I．草原の部

コバネササキリ♂　　　　　　　　　コバネササキリ♀

🄫 [Disc1-24] 水田わきのヤチスズ

2012年10月1日21時，兵庫県川西市笹部。収録時間30秒。

ヤチスズ「ビィーッ」

ヤチスズはほかのマダラスズ類に似たビーという声で鳴きますが，一声の最初は小さめに始まり，しだいに大きくなっておわるという特徴があります。山すその水田わきに小さな湿地があり，1匹のヤチスズが鳴いていました。

ヤチスズ　*Pteronemobius ohmachii* Disc 1-24, 25

体は通常黄褐色だが，黒っぽいものもある。エゾスズによく似ているが，体色と鳴き声が異なる。体長♂6.2～8.5 mm，♀7.0～9.0 mm。湿った草地にすみ，水田周辺に多い。夏から秋に成虫。北海道，本州，四国，九州，南西諸島？に分布する。

ヤチスズ♂   ヤチスズ♀

[Disc1-25] 小さな湿地の虫しぐれ

2012年10月1日21時，兵庫県川西市笹部。収録時間30秒。

ヤチスズ「ジィーッ」，クマオオロギ「チルッ」，ツヅレサセコオロギ「リーリーリー」

水田周辺の小さな湿地で，ヤチスズなどの湿った草地が好きな虫が鳴いていました。湿地にすむ鳴く虫の仲間は少なくないのですが，あまり目立つ声で鳴く種は少ないので，ささやかな虫しぐれです。

[Disc1-26] 地下で鳴くケラ

2013年10月21日19時，茨城県古川市。収録時間30秒。

ケラ「グリュー」，マダラスズ「ジィー　ジィー」

渡良瀬川の河川敷につくられたグラウンドのまわりで，草地の地面からケラの声が響いていました。地表ではマダラスズがさかんに鳴いています。ケラは地中にもぐってくらすコオロギの仲間で，低い連続音で土のなかで鳴くので，その声には気づきにくいのですが，この録音ではときおり声が途切れて鳴きなおしているので，多少はわかりやすいかもしれません。ケラは，かつてはどこにでもいる昆虫でしたが，生息地の湿った地面が少なくなってきたためか，最近では減少が著しいように思います。

ケラ　*Gryllotalpa orientalis*

Disc 1-26, 79

前肢がシャベルのように発達して土を掘るのに適している。メスにも翅に発音器があるが，オスほど発達していない。体長30〜35 mm。湿った草地や田畑などの土中にすみ，灯火に飛来する。ほぼ周年成虫。日本全土に分布する。

ケラ♀

湿地の鳴く虫

　日本では，多くの地域で森林が発達しますが，湿地は，自然のままの草原が成立する環境のひとつです。湿地の草原には，多くの興味深い昆虫が生息しています。鳴く虫の仲間にも，カスミササキリやヒメコオロギなど，独特の種が知られています。

渡良瀬遊水地の湿原

カスミササキリ

　『バッタ・コオロギ・キリギリス生態図鑑』の取材で，宮城県の海岸湿地でカスミササキリを撮影しました。カスミササキリは関東から東北の低湿地にすむ珍種のササキリです。ところが，その後震災があり，その湿地は津波をかぶってしまいました。現地がどうなったか気になり，再訪する機会を得ましたが，新しい防波堤の建設中で，湿地のあった場所に立ち入ることもできませんでした。うろうろと探しまわったところ，阿武隈川の河口でアシ原に近づくことができました。カスミササキリは見つかりませんでしたが，コバネササキリが鳴いていました。コバネササキリも河口のアシ原にすむササキリです。カスミササキリもどこかに生き残ってくれているでしょうか。残念ながら風が強く，アシの葉ずれの音が大きすぎて，小さなコバネササキリの声はうまく録音できませんでした。

カスミササキリがすんでいた宮城県の海岸湿地

カスミササキリ
Orchelimum kasumigauraense

鳴き声は未収録

　翅は短く腹部の半分程度だが，ときに長翅型が出る。メスの産卵器は上方に曲がり，縁に細かい鋸歯がある。緑色型と黄褐色型がある。体長♂20〜23 mm，♀21〜24 mm。自然度の高い低湿地のアシ原にすみ，かなり局所的。ごく弱くシリリリリ…と鳴く。年1化で秋に成虫。本州（東北地方太平洋側，関東平野，新潟）に分布する。

カスミササキリ♂

[Disc1-27] 深い草むらにすむヒメコオロギ

2013年10月21日22時，茨城県古川市。収録時間60秒。

ヒメコオロギ「ルルルルルル」，シバスズ「ジー」

ヒメコオロギの鳴き声は，クサヒバリに少し似ていますが，それよりも金属味を抑えたようなやわらかい音色で，なかなかの美声といえましょう。アシ原などのよく茂った草むらの地表にすんでいて，その姿を探し出すのがとても難しいコオロギです。近くには渡良瀬遊水地があり，広大なアシ原がひろがっていて，おそらくたくさんのヒメコオロギがすんでいるのでしょうが，夜中に踏み込むのはさすがにたいへんです。運よく，遊水地周辺のさほど深くない草むらで鳴いているのを見つけることができました。

ヒメコオロギ　*Comidogryllus nipponensis*　　　　　Disc 1-27

マダラスズ類のようなサイズのとても小型のコオロギ。体は枯草色で，後頭部が明るい黄褐色。体長♂9〜10 mm，♀8〜9 mm。よく茂った草地やアシ原にすむ。秋に成虫。本州，四国，九州，伊豆大島，対馬に分布する。

ヒメコオロギ♂　　　　　　　　　　　ヒメコオロギ♀

都市の鳴く虫

街のなかは，草むらがとても少ない場所です。公園などの緑地はあっても，草が生えたままになっているところはほとんどありません。このため，草むらの鳴く虫はかなり貧弱です。一方，樹上性の鳴く虫は都会でも多く見

［Disc1-28］都市の虫しぐれ

2011年10月11日7時，大阪府大阪市港区天保山。収録時間30秒。

エンマコオロギ「コロコロリリリー」，ミツカドコオロギ「リッリッリッリッ」，シバスズ「ジー」

大阪港の一画に雑草まじりの芝生地があり，狭いながらもたくさんの虫の音が聞こえました。都市の港湾ではコンクリートやアスファルトに覆われて，鳴く虫が生息する余地がないことが多いのですが，こんな場所があったとは少々驚きました。街での録音は，普通なら都市のさまざまな騒音がどうしても入ってしまい，あまりよい録音にはならないのですが，朝の港では比較的騒音が少なく，思いがけなく豊かな虫しぐれを楽しめました。

［Disc1-29］街路樹の芝生にシバスズ

2011年9月13日21時，富山県立山町。収録時間20秒。

シバスズ「ジー」

立山駅の駅前で，街路樹の根元の芝生にシバスズの長くのばして鳴く小さな声が聞こえました。街中や公園の芝生や地表に多い小さなコオロギで，昼間にもよく鳴くので，よく気をつければ身近なところでもあちこちで声を聞くことができます。マダラスズといっしょにいることもありますが，マダラスズは短く区切って鳴くのに対し，シバスズは長くのばした鳴き声です。立山駅は立山アルペンルートの玄関口。山岳の雰囲気が感じられるところではありますが，駅前の芝生には，やはり街のコオロギがいます。

シバスズ *Polionemobius mikado*　　Disc 1-04, 06, 12, 27, 28, 29, 37, 45, 71

体は明るい茶褐色で，細かい斑紋があり，側部に太い黒帯がある。体長♂ 6.1 mm，♀ 6.6 mm。明るく丈の低い草地にすみ，都市公園などにも普通。年1〜2化で夏から秋に成虫。北海道，本州，四国，九州，小笠原諸島，対馬，奄美大島，徳之島に分布する。

シバスズ♂ シバスズ♀

浜辺の鳴く虫

なみうちぎわから砂浜へ，さらに海浜姓の草地から陸の森林へと，途切れなくつづく自然の海岸は，興味深い珍種の昆虫の宝庫です。このような環境は，堤防などの建設により，今ではずいぶん少なくなりました。自然の残った浜辺では，それぞれの環境に独特の鳴く虫がくらしています。

自然のよく残る砂浜　　砂浜にすむ希少種のイカリモンハンミョウ

[Disc1-30] 砂浜の虫しぐれ

2012年9月19日20時，京都府久美浜町。収録時間90秒。

ハタケノウマオイ「シィ　チョ」，ヒロバネカンタン「ビュー　ビュー」，マツムシ「ピ　ピリリ」

ハタケノウマオイはよく似たハヤシノウマオイよりも明るい草地を好み，

短くつづめた声で鳴きます。暖地に多く，近畿地方では海岸に近い低地でよく鳴き声を聞くことができます。久美浜には自然のよく残った貴重な砂浜がひろがります。その海岸砂丘から少し陸よりの草地で，ハタケノウマオイをはじめとするにぎやかな虫しぐれが聞こえました。周囲には，防風林やスイカ畑がひろがっています。

ハタケノウマオイ　*Hexacentrus japonicus*　　Disc 1-01, 30, 2-08

　体は明るい緑色で，背中が褐色。ハヤシノウマオイによく似るが，鳴き声が異なる。オスの発音器の鏡部左側の黒条がほとんど発達しないことでも区別できる。体長28〜30 mm。おもに低地の河川敷などの草原にすむ。夏から秋に成虫。本州，四国，九州，伊豆諸島，対馬，屋久島などに分布する。

ハタケノウマオイ♂　　　　　ハタケノウマオイ♀

[Disc1-31] 久美浜のハマスズ

　2012年9月19日20時，京都府久美浜町函石浜。収録時間30秒。
　ハマスズ「ビー　ビー」，ヒロバネカンタン「ルー　ルー」

　砂浜から陸上の樹林にいたるまでに道路や堤防などの人工物で分断されていない自然の海岸は日本ではきわめて少なくなってしまいました。ハマスズはそんな自然度の高い砂浜にすむため，生息地は非常に局所的です。日本海の沿岸ではハマスズのすむ砂浜がいくつか残っています。海浜植物がまばらに生える砂地でハマスズがたくさん鳴いていました。ハマスズはビーと鳴く

あいまにチョンと短い声を入れることがありますが，ここではその鳴き方ではありませんでした。背景には打ち寄せる波の音が入っています。

ハマスズ　*Dianemobius csikii*　　　　　　　　　　　　　　　Disc 1-31

　白い体に細かな黒斑が多く，生息地の砂地によく擬態している。体長♂6.7 mm，♀7.4 mm。自然度の高い砂浜などの砂地にすみ，まれに河原にもいる。秋に成虫。本州，四国，九州，南西諸島（徳之島以北）に分布する。

ハマスズ♂　　　　　　　　　　　　　　　ハマスズ♀

[Disc1-32] 立山常願寺川のカワラスズ

　2011年9月13日19時。富山県立山町。収録時間30秒。

カワラスズ「チャリチャリチャリ」

　立山から流れ下る常願寺川の河原は，巨石が散在して荒々しい光景がひろがります。そんな日暮れの河原で，石を乗りこえつつ歩いていると，カワラスズの声が聞こえてきました。植物がほとんど生えていない石積みの隙間を好むコオロギです。鳴きながら体の向きを変えたり，鳴き声が石に反射したりするので，どこで鳴いているのか案外わかりにくく，人が歩くと石が響いて鳴きやんでしまうことが多いので，カワラスズの声に近づくのはけっこう難しいのですが，なんとかたどり着きました。背景で川の流れの音が入っています。

河原の鳴く虫

　河川の中流域では，石のごろごろとした河原がよく見られます。植物が少なく，乾燥しがちな厳しい環境ですが，そんなところを特に好む昆虫もいるものです。鳴く虫はあまり多くはありませんが，特有の種がくらしています。大きな声では鳴かないので本書では収録していませんが，カワラバッタもその代表格として有名です。

カワラバッタ♀

カワラバッタ♂
中流域の河原

カワラスズ　*Dianemobius furumagiensis*　　　Disc 1-32

　体には白黒の斑紋があり，マダラスズに似るが，やや大きい。翅の基部が白っぽい。体長♂ 8.4 mm，♀ 7.5 mm。礫の積み重なったところにすみ，河川の中流の河原や鉄道の線路敷石のあいだにいる。秋に成虫。本州，四国，九州に分布する。

カワラスズ♂　　　　　　　　　　　カワラスズ♀

鳴き声の表記

　生き物の声を客観的に記述するときには，通常は，波形や周波数などを分析して図にしたりするのですが，本書では，これらの音響学的分析は省略して，カタカナで鳴き声を表記しています。筆者には音響分析の素養がありませんので，分析結果を見ても，その声をちっとも想像できないのです。カタカナ表記は，同じ声でも人によって表現が異なったりして，客観性には欠けるところがありますが，直感的な鳴き声の表現法としてきわめて優れたものであると思います。実際に虫の声を聞き，それをフィールドノートにカタカナでメモしておけば，後日それを見ただけで，頭のなかでありありとその音を再現できるのです。少し経験をつめば，実際の音を聞いていなくても，カタカナ表記だけでかなり正確にその音を想像できるようになります。「ズチッ」とか「シュルル」とか，なんだか虫の音が聞こえるようでしょう？

ツシマオカメコオロギ♂

夏の草むら

　夏のひざしのもと，草むらは猛々しく生い茂ります。昆虫がいちばん多くなる夏の季節。鳴く虫では，秋にさきがけて少し早い時期にあらわれる仲間が，そんな夏草の茂みにすんでいます。本州から九州の夏の草むらで，虫の音を収録しました。

山の草むら

[Disc1-33] ヒガシキリギリスはやる気満々

　2011年8月29日15時，長野県上村。収録時間60秒。

ヒガシキリギリス「ギイーッ　チョン」

　高原の裾野でカラマツの林にかこまれた小さな草地があり，ヒガシキリギリスがさかんに鳴いていました。遠くの林ではセミの声がします。ヒガシキリギリスは鳴き声に抑揚があり，競い合うように鳴くので，やる気満々のよ

うに聞こえる鳴き声です。あいまに入れる「チョン」という声は近くで鳴いているほかの個体を牽制するためという説もありますが，そういわれてみれば，たくさんの個体が鳴いているときに「チョン」が入る頻度が高いように思えます。

[Disc1-34] 会津の山村でヒガシキリギリス

2012年8月2日14時，福島県西会津町。収録時間60秒。

ヒガシキリギリス「ギイース　チョ」

会津の静かな山村。里山にかこまれて小さな棚田が重なるようにひろがり，集落が点在しています。雑木林と水田の接するところで，草地にヒガシキリギリスがにぎやかでした。林からはニイニイゼミやカラスの声もします。地元の子供が連れ立って走ってゆき，川へ飛び込んで魚とり。夏休みやね。

西会津の里山

[Disc1-35] けだるく鳴くニシキリギリス

2011年8月9日7時，福岡県北九州市平尾台。収録時間60秒。

ニシキリギリス「ギー　ギー　チョ」

　ススキの草原で，朝からニシキリギリスが鳴いていました。まわりでは草原の鳥の声がします。キリギリスはおおむね昼間によく鳴くのですが，朝早くにも，夜にも，だらだらと鳴きます。ニシキリギリスはヒガシキリギリスに比べると抑揚のない声で間隔をあけて鳴き，けだるいような，やる気のないような印象をうけるキリギリスです。

[Disc1-36] 対馬のニシキリギリス

2012年7月19日9時，長崎県対馬美津島町加志。収録時間60秒。

ニシキリギリス「ギース　チョン」

　対馬には日本のほかの地域には見られない大陸系の昆虫が分布することが知られています。西日本と東日本ではキリギリスの種類が違うらしい，とわかりかけていたころに，対馬には何か変わったキリギリスがいるのではないかと注目されましたが，今のところニシキリギリスに含められています。対馬ではニシキリギリスは局所的で，ところどころにしか見つかりません。山すその畑のまわりの草地で，ニシキリギリスがいるのを見つけました。近くの雑木林ではニイニイゼミが鳴いています。

ヒガシキリギリス　*Gampsocleis mikado*　　　Disc 1-20, 33, 34, 48, 2-31

　従来「キリギリス」とされていた種は，最近の研究でニシキリギリスとヒガシキリギリスの2種に分割された。ヒガシキリギリスはニシキリギリスよりも発音器が大きく，翅は短い傾向にあり，翅に黒斑が多い。体長30〜35 mm。7〜10月に成虫。本州(近畿地方以北)に分布する。近畿地方では，ニシキリギリスとヒガシキリギリスが混在し，見分けのつきにくい個体もいる。

ヒガシキリギリス♂ 　　　　　　　　　ヒガシキリギリス♀

ニシキリギリス　*Gampsocleis buergeri*　Disc 1-35, 36

　発音器が小さく，前翅がやや長く，黒斑が少ないことでヒガシキリギリスから区別される。体はより鮮やかな緑色。体長約30～35 mm。明るい草地に普通。6～10月に成虫。本州(近畿地方，中国地方)，四国，九州，対馬，壱岐，五島，種子島，屋久島，奄美大島に分布する。

ニシキリギリス♂ 　　　　　　　　　ニシキリギリス♀

[Disc1-37] コバネヒメギスとヒメギス

　2013年8月28日19時，和歌山県紀美野町生石ヶ峰。収録時間32秒。
　コバネヒメギス「シチッ　シチリッ」，ヒメギス「シチリリリリリ」，エンマコオロギ「コロコロリーリー」，シバスズ「ビー　ビー」ハラオカメコオ

ロギ「リリリリリ」

　コバネヒメギスは名前のとおりごく短い翅をもち，とても小さく聞き取りにくい声で鳴きます。よく似たヒメギスは翅が長く，声もより大きく長くつづけます。高原のススキ草原で，そのコバネヒメギスとヒメギスがまじって鳴いていました。姿の似た2種ですが，鳴き声はまったく異なります。

[Disc1-38] 早朝のヒメギス

　2011年8月9日6時．福岡県北九州市平尾台。収録時間58秒。

ヒメギス「シュリリリリ」

　早朝の草原で，ヒメギスが鳴いていました。まわりではヒバリやセッカなどの鳥の声。ヒメギスは昼も夜も鳴くのですが，特に朝早くによく鳴くように思います。よく晴れた真夏の草原は，きっとすぐに暑くなるのでしょうけれど，まだ夜露のけはいが残る空気のなかで，ヒメギスの声が涼しげです。

ヒメギス　*Eobiana engelhardti subtropica* 　　Disc 1-20, 37, 38, 2-41

　体は黒褐色で，背中は灰褐色だがまれに緑色。短翅型では前翅の先はややとがり，長翅型では丸い。体長♂ 17〜26 mm，♀ 17〜27 mm。湿った草地に普通。6月〜10月に成虫。北海道，本州，四国，九州，佐渡島，隠岐，対馬に分布する。

ヒメギス♂　　　　　　　　　　　　　ヒメギス♀

コバネヒメギス　*Chizuella bonneti*　　Disc 1-37

　ヒメギスに似るが，翅はごく短い。腹部下側は黄褐色〜黄緑色。体長♂ 15〜23 mm，♀ 18〜26 mm。ヒメギスよりは乾燥した草地に普通。夏に成虫。北海道，本州，九州，四国，佐渡島，対馬，五島列島に分布する。

コバネヒメギス♂　　　　　　　　　コバネヒメギス♀

[Disc1-39] カルスト草原のカヤヒバリ

　2011 年 8 月 9 日 7 時，福岡県北九州市平尾台。収録時間 30 秒。

　カヤヒバリ「ビー　ビー　ビー」，セッカ（鳥）「ヒッ　ヒッ　ヒッ」

　夏の朝，カルストのススキ草原でカヤヒバリが鳴いていました。まわりでは，セッカなどの草原の鳥が鳴いています。カヤヒバリはキンヒバリにそっくりで，外見ではほとんど区別ができませんが，鳴き声は明確に異なります。キンヒバリはテンポに変化のある鳴き方ですが，カヤヒバリは短く単調にくりかえします。カヤヒバリの方がより乾燥した草地を好み，キンヒバリは湿地を好みます。

[Disc1-40] 平尾台の夜はオオクサキリ

　2011 年 8 月 8 日 22 時，福岡県北九州市平尾台。収録時間 60 秒。

　オオクサキリ「シキシキシキシキシキシキ」

　平尾台は日本の代表的なカルスト草原のひとつです。ここでは石灰岩の台地のために樹木が育ちにくく，自然に近い草原が成立します。オオクサキリ

夏の草むら

は不思議に局所的な分布をしていて，関東や新潟の低地の草原と九州の山地草原に見られます。この日は夕方から日没直後はカヤキリの声ばかりで，オオクサキリはいなくなったのかと不安になっていたところ，夜が更けるにつれカヤキリが鳴きやんでオオクサキリの声が入れ替わりました。オオクサキリはほかのクサキリ類のような単調な連続音とは異なり，はばたくような声が特徴的です。

平尾台の草原

フィールド紹介・平尾台
　福岡県の平尾台には，ちょくちょく訪れます。それはオオクサキリがいるからにほかなりません。オオクサキリを観察する本番は夜なのですが，昼間もカルスト草原でぶらぶら遊びます。バッタを撮影したり，特産のノヒメユリをながめたり。鍾乳洞に入るのも楽しみのひとつ。本格的なケイビングを

するほど気合が入っているわけではなく,観光洞をちょいとのぞいてくる程度です。それでもまあ,懐中電灯はもっていきますよ。カマドウマを探しますから。

ノヒメユリ　　　　　　　　　　　平尾台の洞穴性イシカワカマドウマの一種

[Disc1-41] 新潟のオオクサキリ

2012年8月2日23時,新潟県村上市。収録時間30秒。

オオクサキリ「シキシキシキシキ」

新潟,関東,九州と隔離分布するオオクサキリの新潟の産地を訪ねてみました。声が聞こえてきた場所は,自然の草原ではなく住宅地内の造成空き地でした。関東では低湿地,九州では山地草原にすんでいるオオクサキリですが,こんな平凡な雑草地にもいるとは,なんとも不思議。生息環境の傾向がよくわかりません。

夏の草むら

オオクサキリ　*Ruspolia* sp.　　　　　　　　　　Disc 1-40, 41

クサキリやヒメクサキリに似るがやや大型で鳴き声が異なる。体長♂27〜35 mm，♀32〜37 mm。関東では海岸の草地や低湿地のアシ原に，九州では高原草原にすむ。成虫は8月に多い。本州（新潟平野，関東平野），九州北部に分布する。

オオクサキリ♂　　　　　　　　オオクサキリ♀

[Disc1-42] 大声のカヤキリ

2011年8月17日20時，京都府舞鶴市五老岳。収録時間60秒。

カヤキリ「ジャー」

日が暮れると，カヤキリは背丈の高い草によじ登り，これでもかといわんばかりの大声を響かせます。大きな体とユニークな顔つきもあいまって，存在感抜群の鳴く虫です。晩夏のころ，ほかの秋の鳴く虫にさきがけて少し早い時期に出現します。録音は舞鶴を一望できる五老岳。雑木林のまわりの草むらにて。舞鶴は海に近いためか暖地性の昆虫が多く，よく訪れるフィールドです。

カヤキリ　*Pseudorhynchus japonicus*　　　　　Disc 1-42, 44

体は大きく太い。頭頂はとがる。通常緑色だが淡褐色型もいる。大顎は赤褐色。体長46〜50 mm。丈の高いイネ科の草地にすむ。成虫は夏に多い。本州南部，四国，九州，伊豆諸島，対馬，五島列島，大隅諸島などに分布する。

I. 草原の部

カヤキリの顔　　　　　　　　　鳴いている褐色型のカヤキリ♂

カヤキリの顔　　カヤキリ♀

うるさい鳴く虫
　鳴く虫の声の大きさは，測定すれば客観的に比較可能ではありますが，実際に野外で聞く場合には，個体の数や鳴く場所によって声の聞こえかたは多

少異なります。人にとって「うるさい」と感じるのは，音量だけではなく，声の高さやテンポも関係するでしょう。多数が密集して鳴いたり，声の通りやすい場所で鳴く種では，より大きく聞こえます。高音域で単調に鳴きつづける種がうるさいと感じやすいと思います。カヤキリ，オキナワシブイロカヤキリ，アシグロウマオイ，タイワンクツワムシ，フタホシコオロギ，アオマツムシといったあたりが，野外で聞いてうるさい印象がある種類です。

[Disc1-43] 単調なクサキリの声

2011年8月17日20時，京都府舞鶴市五老岳。収録時間30秒。

クサキリ「ジー」

雑木林の林縁の草地でクサキリが鳴いています。単調な連続音で，暖地の普通種ですから，あまりおもしろくない鳴く虫の代表格です。よく似た連続音で鳴くものが数種いて，聞き分けるのは少し難しいです。クサキリの声は，クビキリギスよりはやや低く，カヤキリよりは小さく，ヒメクサキリとは区別しにくいのですが，ヒメクサキリのような前奏がないようです。

クサキリ　*Ruspolia lineosa*　　　　　Disc 1-19, 43

頭部はややとがるが，頭頂は丸い。翅端部は丸みをおびた裁断型。緑色型と褐色型がある。体長24〜30 mm。丈の低い草地に普通。秋に成虫。本州中南部，四国，九州，佐渡島，伊豆諸島，隠岐，対馬，屋久島に分布する。

クサキリ♂　　　　　　　　　　　クサキリ♀

[Disc1-44] メダケのやぶにヒサゴクサキリ

2013年7月31日22時，和歌山県白浜町日置。収録時間60秒。

ヒサゴクサキリ「シチッ　シチッ」，クチキコオロギ「リィー　リィー」，カヤキリ「ジー」

　林縁のメダケ群落，そのまわりにメダケの新しい茎が雑草のあいまをぬってついついと伸びている。そんな感じのところで，夜にメダケの梢を丹念に探すと，新芽をかじっているヒサゴクサキリが見つかります。とても小さい声で鳴くので，まずはいそうな環境を探し，ヒサゴクサキリの姿を見つけてから，ようやく鳴いていることに気づくことが多いです。日置川の河川敷で，いかにもヒサゴクサキリっぽい場所を見つけ，探すとやっぱり見つかりました。

ヒサゴクサキリ　*Palaeoagraecia lutea* 　　　　　　　　　Disc 1-44

　体は淡褐色で背中に濃褐色の帯があり，顔面に特徴的な緑色の斑紋がある。体長25～33 mm。メダケやマダケなどの竹笹類のやぶにすみ，新芽をかじる。生息地には多数の個体が集まっていることが多い。夏に成虫。本州南部，四国，九州，対馬などに分布する。

[Disc1-45] パーキングエリアの鳴く虫

2012年7月23日21時，高知県高知道土佐PA。収録時間30秒。

タイワンエンマコオロギ「コロリーリー」，シバスズ「ジー」

　高速道路のパーキングエリアは昆虫を探すのに便利なところです。周囲の山野から飛んできた珍しい昆虫が見つかることもあります。PAで休憩しつつ，虫を探していると，植え込みの芝生でタイワンエンマコオロギとシバスズがたくさん鳴いていました。普通は騒音が多くて録音には向かないのですが，このときは幸い人の少ない小さなPAでしたので，車が通るあいまをぬって録音機を回してみました。

[Disc1-46] 対馬のヒロバネカンタン

2013年7月13日22時，長崎県対馬厳原町久根。収録時間60秒。

夏の草むら

メダケの新芽をかじるヒサゴクサキリ♂　　ヒサゴクサキリ♀

ヒサゴクサキリの生息地　　ヒサゴクサキリの顔

　ヒロバネカンタン「ビュー　ビュー」，ツシマフトギス「シリリ　シリリ」，ヤブキリ「シリシリシリシリ」
　対馬の夜。雑木林のなかを通る林道のわきに，ちょっとした草地があり，

ヒロバネカンタンがにぎやかでした．雑草地があれば，都市でもよく見られるヒロバネカンタンですが，うしろのやぶでツシマフトギスが鳴いているのが対馬でなければ聞けない組み合わせです．

ヒロバネカンタン　*Oecanthus euryelytra*　Disc 1-03, 10, 30, 31, 46, 83, 90

通常淡緑色で，腹側は黒くない．オスの翅はかなり幅広い．体長♂12〜15mm，♀11〜14mm．平地の開けた雑草地に普通．西日本では年2化で，初夏から秋に成虫．本州，四国，九州，対馬，八重山諸島に分布する．

鳴くヒロバネカンタン♂　　　　　♂の誘惑腺をなめるヒロバネカンタン♀

[Disc1-47] 石鎚山麓道端のナキイナゴ

2013年7月9日10時，高知県いの町．収録時間30秒．

ナキイナゴ「ジキジキジキジキ」，ホソクビツユムシ「シ　シ　シチ　シ

夏の草むら

チ　チー」

　石鎚山へとつづく山道。周囲は落葉広葉樹林がひろがり，道端には少しばかりのススキの群落があります。ススキにはナキイナゴがたくさん鳴き，うしろの林からはホソクビツユムシが聞こえてきます。どちらも昼間に活動する鳴く虫です。快晴の陽光をあびてさかんに鳴いていました。

[Disc1-48] 高原のススキ原でナキイナゴ
　2013年8月28日16時，和歌山県紀美野町生石ヶ峰。収録時間30秒。
ナキイナゴ「ジキジキジキ」，ヒガシキリギリス「ギィース　チョ」
　バッタの仲間は後肢で前翅をこすって鳴くのですが，多くの種ではあまり大きな声では鳴きません。そのなかで，ナキイナゴはかなりよく目立つ声で鳴きます。乾燥したススキの草原で，たくさん鳴いているヒガシキリギリスに負けないほどの大きな声でナキイナゴが鳴いていました。

ナキイナゴ　*Mongolotettix japonicus*　　Disc 1-47, 48, 64, 2-38
　体は黄褐色。頭は三角にとがる。翅は短く，特に♀ではごく小さいが，ときに長翅型が出る。体長♂19～22 mm，♀25～30 mm。明るい，丈の高いイネ科の草地に普通。6～9月に成虫。北海道，本州，四国，九州，佐渡島，隠岐に分布する。

ナキイナゴ♂　　　　　　　　　ナキイナゴ♀

[Disc1-49] ツルヨシの河原にはヒゲナガヒナバッタ

2012年8月3日18時，山形県西川町大井沢。収録時間30秒。

ヒゲナガヒナバッタ「ジュジュジュ」，ヒグラシ(セミ)「ヒヒヒヒッ」

ヒゲナガヒナバッタは信州で古い記録があるのですが，長らく再発見されず，正体不明のバッタでした。ところが，河川中流域の石がごろごろした河原でツルヨシがまばらに生えたようなところにすむことがわかり，中部から東北地方にかけていくつかの産地が見つかっています。録音は寒河江川の中流域。川の流れの音を背景に，ときおりヒゲナガヒナバッタが鳴きます。最後に近くの森からヒグラシが一声。

ヒゲナガヒナバッタ *Schmidtiacris schmidti* Disc 1-49

オスの触角は長く発達する。前胸背板の側面が白い。前脛節に長毛がある。体長♂18〜20 mm，♀20〜25 mm。上〜中流の砂礫質の河原でツルヨシがまばらに生えたところにすむが局所的。夏から秋に成虫。本州(東北・中部)に分布する。

ヒゲナガヒナバッタ♂　　　　　　　　ヒゲナガヒナバッタ♀

春 の 野

　春にも鳴く虫がいます。本州付近では，多くの鳴く虫は，卵で越冬して春に幼虫が孵り，秋に成虫になるのですが，なかには成虫や幼虫で越冬して春から夏にかけて活動する鳴く虫たちもいます。おもに本州で春から初夏にかけて聞くことのできる虫の音を紹介します。

春の水田　　　　　　　　　　　　晩春の草むら

［Disc1-50］アシ原のクビキリギス
2012年6月1日21時，京都府八幡市木津川。収録時間30秒。

クビキリギス「ジー」

木津川の河川敷にはアシ原がひろがっていて，春の夜にはクビキリギスやシブイロカヤキリの声につつまれます。クビキリギスはよく飛んで移動するため，ときに街中の公園や山の森林で声を聞くことがありますが，本来の生息地は平地の草原なのでしょう。ここのアシ原でクビキリギスの声を聞くと，そんなふうに思います。

[Disc1-51] クビキリギスとカエル

2012年5月24日21時，兵庫県猪名川町民田。収録時間30秒。

クビキリギス「ジー」，シュレーゲルアオガエル（カエル）「キリリ，コロロ」

クビキリギスは本州では成虫で越冬し，春に鳴き始めます。単調で甲高い連続音は，暖かい春の夜の風物詩です。クビキリギスの声を聞くと，夜になっても寒くない季節になったと実感するもの。録音は山間の休耕田の草地です。湿地ではシュレーゲルアオガエルがさかんに鳴いています。

シュレーゲルアオガエル

[Disc1-52] シブイロカヤキリのしわがれ声

2012年5月16日20時，兵庫県篠山市。収録時間30秒。

シブイロカヤキリ「ジャー」

シブイロカヤキリはクビキリギスとともに春の鳴く虫です。どちらも単調な長くつづける鳴き声ですが，シブイロカヤキリはよりしわがれた声で，聞きなれると区別ができるようになります。西日本の暖地に多く，背の高い草地にいて，クビキリギスよりやや遅く晩春によく鳴き声が聞かれます。録音は水田と雑木林にかこまれたススキの草むらで。背景に田んぼのカエルの声が入ります。

春の野

クビキリギス　*Euconocephalus varius*　　Disc 1-50, 51

　体は細長く，頭頂は三角型にとがる。大顎は赤褐色。翅端は丸みをおびた裁断型。緑色型と褐色型があるが，赤い個体もいる。体長27〜34 mm。草地に普通で，よく飛んで移動するので街中でもよく見る。秋に羽化し，イネ科の草の株などにもぐりこんで越冬して春に鳴く。北海道，本州，四国，九州，南西諸島などに分布する。

クビキリギス♂　　　　　　　　　　　クビキリギス♀

鳴くシブイロカヤキリ♂　　　　　　　シブイロカヤキリ♀

シブイロカヤキリ　*Xestophrys javanicus*　　Disc 1-52

　体は太短く，褐色で顔の下半は黒みをおびる。緑型は知られていない。体長25〜32 mm。やや丈の高い草むらにすむ。暖地では普通。秋に羽化し成

虫で越冬して5月ごろに鳴く。本州中南部，四国，九州，佐渡島，対馬，種子島，屋久島に分布する。

[Disc1-53] 梅林のコオロギ

2012年6月9日19時，和歌山県みなべ町。収録時間79秒。

コガタコオロギ「ビィーッ」，クロツヤコオロギ「チリチリチリチリ」

みなべ町といえば梅。丘陵地はぜんぶ梅林です。春のコオロギを探して，夕方の梅林を歩いてみました。ところが，梅林のなかでは管理が行き届いているせいか，コオロギの声はまばらです。梅林の一角に雑木林にかこまれた小さな墓地があり，空き地でコガタコオロギとクロツヤコオロギがたくさん鳴いている場所をようやく見つけました。

[Disc1-54] 春のコオロギ

2012年6月9日20時，和歌山県みなべ町。収録時間60秒。

クロツヤコオロギ「チリチリチリチリ」，ナツノツヅレサセコオロギ「リー　リー　リー」，コガタコオロギ「ビーッ」

山間の駐車場わきの空き地でクロツヤコオロギをはじめ春のコオロギがよく鳴いていました。クロツヤコオロギは微妙に人手の加わった環境が好きなコオロギです。道端わきの土手や河川の堤防のような，人がつくった斜面に多く見られます。どうも最近クロツヤコオロギが増えてきているように思うのですが，生息地の好みに一因があるのかもしれません。

[Disc1-55] 春に多いタンボコオロギ

2012年6月1日21時，京都府八幡市木津川。収録時間30秒。

タンボコオロギ「ジャッ　ジャッ　ジャッ」

堤防の草地でタンボコオロギが鳴いています。少し湿った明るい草地にいて，名前のとおり田んぼのまわりで鳴き声を聞くことが多いです。本州では幼虫で越冬し，春から初夏にかけて成虫になります。秋にもう一度成虫が出ることがありますが，秋には鳴き声はあまり目立ちません。春のコオロギという印象が深い鳴く虫です。

クロツヤコオロギ　*Phonarellus ritsemai*　　Disc 1-53, 54, 2-03

体は黒くて強いつやがある。尾肢の根元に白い部分がある。メスの触角の一部に白い部分がある。体長♂約18 mm，♀約27 mm。やや湿った草地で土に丸い穴を掘ってすんでいる。本州では幼虫で越冬し，6月ごろ成虫が見られる。本州南部，四国，九州，対馬，屋久島，奄美大島，沖縄島，西表島に分布する。

クロツヤコオロギ♂　　　　　　　　　クロツヤコオロギ♀

タンボコオロギ♂　　　　　　　　　タンボコオロギ♀

タンボコオロギ　*Modicogryllus siamensis*　　Disc 1-55, 80

体は黒く，複眼のあいだに特徴的な一文字の白斑がある。体長♂15〜17 mm，♀13〜14 mm。湿った草地に普通。本州では幼虫で越冬し，初夏

フィールド紹介・淀川

　淀川は琵琶湖から流れ出し，大阪湾に注ぎます。その河川敷はゴルフ場や公園などに整備されている場所も多いのですが，ヨシ原や自然の砂地も残されていて，平地の昆虫の生息地として貴重なものです。鳴く虫も豊富ではあるのですが，録音しようとすると，どうしても町の騒音が入ってしまいます。特に堤防の上に道路が通っていると，たえず車が走っていますので，よい録音になりません。桂川・宇治川・木津川が合流する三川合流ポイントでは，3つ分の河川敷が合わさってかなり広大になり，堤防道路から距離がある場所を選んで騒音の少ない録音をすることができます。

三川合流の春の夜

に成虫となり，秋に2化目の成虫が出ることもあるが初夏よりは少ない。南西諸島ではほぼ周年成虫。本州，四国，九州，対馬，南西諸島に分布する。

コガタコオロギ　*Velarifictorus ornatus*　　Disc 1-53, 54

　やや小型の枯草色のコオロギで，ツヅレサセコオロギによく似るが，鳴き声が明確に異なる。複眼のあいだの黄帯はごく小さい。体長約15 mm。本州では通常は幼虫越冬で初夏に成虫になる。やや乾燥した草原に普通。本州，四国，九州，対馬，南西諸島に分布する。

春 の 野

鳴くコガタコオロギ♂　　　　　コガタコオロギ♀

フィールド紹介・能登半島

　能登半島に初めて行ったのは 20 年以上前になります。当時はおもに水生昆虫を探していたのですが，丘陵地の雑木林と水田にかこまれた里の風景はしっくりと落ち着いていて，こんなところが日本にまだあったのかと感激したことを覚えています。このあたりは佐渡とならんで野生のトキが残っていた場所なのだそうで，たしかにトキの生息を支えるような生き物の豊かさを感じられました。本書の取材で久しぶりに訪れると，空港ができ，コンビニが建ち，古い民家が建て替えられていたりと，ずいぶん様変わりしていました。それでも，大きな農道から枝道に入れば，かつての雰囲気を残した場所があり，水田のあぜ道では，湿原にすむスゲハムシがたくさんいて，少し安心しました。

スゲハムシ

能登半島の休耕田

[Disc1-56] 能登半島のエゾスズ

2012年5月29日11時，石川県穴水町。収録時間30秒。

エゾスズ「ジィー　ジィー」

　能登半島の丘陵地帯で，雑木林のあいまに湿地や水田が点在しています。湿地状になった休耕田でエゾスズがたくさん鳴いていました。周囲の雑木林からは鳥やカエルの声が聞こえます。エゾスズは春の湿原にすむコオロギです。草むらを歩いてみると，小さな真っ黒いコオロギがたくさん跳び出してきて，エゾスズがいっぱいいるとわかります。それを見てから，よく聞いてみれば，声もたくさん聞こえるね，と気づくような，そんな小さな鳴き声です。

エゾスズ　*Pteronemobius yezoensis* Disc 1-56, 2-51

　体は全身ほぼ黒色で，翅には光沢がある。体長♂8.8 mm，♀8.5 mm。あまり草深くない湿地にすむ。幼虫越冬で春に成虫。北海道，本州，四国，九州に分布する。

エゾスズ♂　　　　　　　　　　エゾスズ♀

高山帯

　山岳を登りつめると，黒々とした亜高山性の針葉樹林があらわれ，さらに登ると，やがて森林限界をこえて，高山性のお花畑にたどりつきます。このような亜高山や高山帯には，氷河期から生き残った北方系の貴重な動植物が見られます。鳴く虫では，高山性ヒナバッタ類が代表的な高山種です。ここでは，本州と北海道の亜高山や高山帯で収録した虫の音を紹介します。

ヒナバッタ類のすむ高山の草原

[Disc1-57] 春のタカネヒナバッタ

　2013年5月31日15時，長野県塩尻市高ボッチ山。収録時間23秒。

　タカネヒナバッタ「シュルルル」

　高ボッチ山の山頂付近の草原で，バッタの鳴く声が聞こえました。姿を確認してみるとタカネヒナバッタです。ようやく雪が解けて木々が少し芽吹いてきたような時期ですから，たいへん驚きまし

キバネツノトンボ

た。春に卵から生まれてもう成虫になったとするにはあまりに早すぎます。おそらく，秋遅くに成虫になった個体が雪の下で冬を生きのび，雪解けとともに活動を再開したのでしょう。ちなみに，この時期に信州を訪れたのは，キバネツノトンボを撮影するためです。低地の草原で首尾よく撮影したあと，ちょっと山にでも行ってみるかと高ボッチに登ってみて，思わぬ出会いとなりました。

タカネヒナバッタ　*Chorthippus intermedius*　Disc 1-57

　翅はほかの高山性ヒナバッタよりも長く，腹端付近まで達する。体長♂16〜17 mm，♀18〜22 mm。高山性ではなく，おもに亜高山の草原にすむ。通常は夏から秋に成虫。本州（東北南部，中部）に分布する。

タカネヒナバッタ♂　　　　　　　　　タカネヒナバッタ♀

[Disc1-58] 知床峠のエゾコバネヒナバッタ

　2013年8月7日11時，北海道羅臼町知床峠。収録時間32秒。
エゾコバネヒナバッタ「ジャジャジャジャジャ」
　知床峠は知床横断道路の最高点。周囲はハイマツがひろがる高山帯です。駐車場と展望台があり，気軽に高山性の生物が観察できます。羅臼岳を望む展望台の足元の草地でエゾコバネヒナバッタが鳴いていました。周囲の観光客や車の音が少し入っています。高山性ヒナバッタ類はなぜか山小屋のわきとか観光用遊歩周辺などの人のいるところに集まっていることが多いので

す。鳴き声に人の気配がかぶっているのも，実態をあらわした録音といえるのかもしれません。

[Disc1-59] 渋峠のヤマトコバネヒナバッタ

2012年10月15日10時，群馬県白根山渋峠。収録時間29秒。

ヤマトコバネヒナバッタ「ジャ　ジャ　ジャジャジャジャ」

針葉樹林にかこまれた小さな草地で，ヤマトコバネヒナバッタが鳴いています。鳴きながらよく歩き回るので，がさがさとバッタの足音が入ります。コバネヒナバッタ類は，メスの翅は通常小さいのですが，オスは立派な翅をもち，後肢でこすってよく発音します。ヤマトコバネヒナバッタはコバネヒナバッタの北関東山地の高山帯から亜高山帯にかけて分布する亜種です。

[Disc1-60] 麦草峠のヤツコバネヒナバッタ

2012年10月16日13時，長野県八ヶ岳麦草峠。収録時間30秒。

ヤツコバネヒナバッタ「ジャジャ　ジャジャジャジャジャ」

麦草峠一帯は八ヶ岳の亜高山針葉樹林にかこまれた草原で，ヤツコバネヒナバッタのすみかです。遊歩道を散策すると，草原の一角で数匹のオスが集まって鳴いていました。別のオスを牽制するように「ジャ」と短く鳴き，少し落ち着くと「ジャジャジャ…」と連続して鳴きます。ヤツコバネヒナバッタはコバネヒナバッタの八ヶ岳山塊に分布する亜種です。

麦草峠の草原と亜高山針葉樹林

エゾコバネヒナバッタ　*Chorthippus fallax strelkovi*　Disc 1-58

短翅型と長翅型があり，短翅型では，オスの翅は腹部の2/3ほどで，メスではひし型で小さい。体長♂16～24 mm，♀19～28 mm。高山帯の草原にすむ。北海道では低地にいることもある。夏から秋に成虫。北海道，本州（東北：八幡平，鳥海山，早池峰山）に分布する。

エゾコバネヒナバッタの交尾 　　　　エゾコバネヒナバッタ♂

ヤマトコバネヒナバッタ　*Chorthippus fallax yamato*　Disc 1-59

エゾコバネヒナバッタに似るが，オスの交尾器が異なる。体長♂約17 mm，♀約20 mm。高山～亜高山の草原にすむ。夏から秋に成虫。本州（群馬県・長野県の北関東山地）に分布する。

ヤマトコバネヒナバッタ♂ 　　　　ヤマトコバネヒナバッタ♀

高山帯

ヤツコバネヒナバッタ　*Chorthippus fallax yatsuanus*　　　Disc 1-60

　エゾコバネヒナバッタに似るが，オスの交尾器が異なる。長翅型は知られていない。体長約♂19 mm，♀約25 mm。高山～亜高山の草原にすむ。夏から秋に成虫。本州（八ヶ岳）に分布する。

ヤツコバネヒナバッタ♂　　　　　ヤツコバネヒナバッタ♀

[Disc1-61] クモマヒナバッタのかすかな鳴き声

　2011年9月14日14時，富山県立山室堂平。収録時間21秒。

　クモマヒナバッタ「シュリ　シュリ」

　クモマヒナバッタは日本のヒナバッタ類のなかでオスの翅がいちばん小さい種類です。ほかのバッタ類と同様に，後肢を前翅にこすって発音しますが，よくもこんなに小さな翅で鳴けるものだと感心してしまいます。もっとも，翅が小さいだけにその鳴き声もきわめて小さいです。立山の高山性草原にて収録しました。観光客も多いところですので，人通りが途絶えたあいまをぬっての録音です。

クモマヒナバッタ　*Chorthippus kiyosawai*　　　Disc 1-61

　翅はオスもメスも短い。体の腹側は黄色っぽい。体長♂11～17 mm，♀20～26 mm。高山のお花畑や風衝草原にすむ。秋に成虫。本州（北アルプス高山帯）に分布する。

クモマヒナバッタ♂　　　　　　　　　　　クモマヒナバッタ♀

[Disc1-62] 千畳敷のミヤマヒナバッタ

2011年10月12日12時，長野県木曽駒千畳敷。収録時間19秒。

ミヤマヒナバッタ「シュリ　シュリ　ジュジュジュ」

　お花畑の草地で，ミヤマヒナバッタが鳴いています。少し鳴いては歩き回るので，枯れ草がカサカサと音をたてます。千畳敷はミヤマヒナバッタの有名な生息地ですが，現在はひろい山岳氷河カールのなかでもいちばん下のロープウェイ駅付近のごく狭い範囲内にしか見つかりません。ロープウェイでとても気軽に行くことのできる高山帯のお花畑で，いつも観光客でいっぱいです。千畳敷で散策するときには，歩道でひなたぼっこをしているミヤマヒナバッタを踏みつぶさないよう，気をつけてほしいものです。

[Disc1-63] 月山のミヤマヒナバッタ

2012年8月3日12時，山形県月山。収録時間43秒。

ミヤマヒナバッタ「ジャジャジャジャジャ」

　山形県月山の高山帯草原のミヤマヒナバッタです。日本の高山性ヒナバッタ類(クモマヒナバッタ，コバネヒナバッタ，ミヤマヒナバッタ)はそれぞれの山ごとに異なる種や亜種が分かれて分布していて，基本的には同じ山に2種が共存することはありません。月山にはミヤマヒナバッタがいますが，となりの鳥海山にはコバネヒナバッタがすんでいます。どのような過程でこれらの分布が成り立ってきたのか，とても興味深いテーマです。

フィールド紹介・中部山岳

　中部地方の高山帯では，さまざまな高山性のヒナバッタ類が分布しています。これらに出会うためには，山岳に登らなければなりません。私は，残念ながら本格的な登山をする根性がありませんので，いつもロープウェイや登山バスなどを利用して安直に登ります。観光化された高山帯も多いので，自分の足では少しも登らずに高山ヒナバッタを観察できる場所も少なくありません。そんな場所では，観光客もまた多いので，ゆっくり観察するには始発に乗っていちばんにたどり着くのがコツです。そのため，乗車場所には前日の夜に入り，一晩ぶらぶらします。山岳のふもとの登山口では，鳴く虫を観察するのによい場所が多いので，退屈しません。高山へ行くときのひそかな楽しみです。

木曽駒ヶ岳と千畳敷

ミヤマヒナバッタ　*Chorthippus supranimbus supranimbus*

Disc 1-62. 63

　翅はやや長く，腹部の2/3〜腹端に達する。体の腹側はオリーブ色。体長 ♂ 12〜16 mm，♀ 18〜24 mm。高山のお花畑や風衝草原にすむ。秋に成虫。本州（月山から吾妻山，尾瀬ヶ原，妙高山，御嶽山，中央アルプス）に分

布する。

ミヤマヒナバッタ♂　　　　　　　　　ミヤマヒナバッタ♀

[Disc1-64] 日光白根山のナキイナゴ

2013年10月21日11時，群馬県片品村白根山。収録時間31秒。

ナキイナゴ「ジャジャジャジャジャ」

日光白根山の登山道。亜高山針葉樹林にかこまれた小さな草地で，バッタの鳴き声がしました。場所柄からタカネヒナバッタであろうと思いきや，ナキイナゴではないですか。ここは，かつてタカネヒナバッタをたくさん観察したことがある場所なのですが，このときにはタカネヒナバッタは少ししか見つからず，低地にもいるナキイナゴやヒロバネヒナバッタばかりが見つかりました。

フィールド紹介・日光と渡良瀬遊水地

栃木県日光周辺の山地は，中部地方や東北の山とは少し異なる特産の昆虫が多いおもしろい地域です。鳴く虫の仲間にもニッコウヒシバッタやニッコウヒラタクチキウマなど，日光山塊の固有種が知られています。一方，渡良瀬遊水地は，栃木・群馬・茨城・埼玉にまたがる広大な湿地です。足尾銅山の鉱毒対策のために明治時代に人工的につくられたものですが，今では関東平野に本来ひろがっていたであろう低湿地環境の片鱗を見ることのできる貴重な場所です。そんなおもしろい地域ですので，筆者のすむ関西からは遠いのですが，ときどきがんばって北関東に出かけます。仕事をおわらせてその日のうちに宇都宮まで行き，翌朝レンタカーを借りて，まずは渡良瀬遊水地へ。日が暮れるまで遊水地のヨシ原をうろうろしたあと，夜のうちに日光へ

移動。昼間はいつも車が多くて渋滞するいろは坂や中禅寺湖周辺を深夜に通りすぎて，山の奥で車中泊。翌日は白根山周辺の奥日光の亜高山帯で遊びます。昼すぎに峠をこえて奥鬼怒に入り，山道をのんびりとドライブして帰ってくる，そんなプラン。お休みが2日あれば行けます。

ニッコウヒシバッタ♂

ニッコウヒシバッタ♀

白根山の亜高山林

渡良瀬遊水地に多いスジハサミムシモドキ

北海道にて

　北海道では，鳴く虫の種類はあまり多くはありませんが，本州以南では見られない北方系や大陸系の種類が分布しています。自然の豊かな北海道とはいえ，大規模な畑地や牧場がひろがる地域には虫の姿はなかなか見つかりません。北海道特有の鳴く虫を探すには，湿原や海岸の砂丘などがおもしろいところです。北海道の低地で収録した虫の音を集めました。

原生花園の草原

[Disc1-65] 漁港のハネナガキリギリス
　2013年8月6日15時，北海道斜里町知布泊。収録時間90秒。
　ハネナガキリギリス「ギィー　チョ」，ヒナバッタ「ジャジャジャジャジャ」

小さな漁港の雑草地で，ハネナガキリギリスがさかんに鳴いています。北海道では，自然の草原だけでなく，街中でもちょっとした草地があればハネナガキリギリスが多数生息していて，昼も夜もよく鳴きます。夏の道東で最も身近な鳴く虫といえるでしょう。ときおりヒナバッタの声がまじります。ヒナバッタも北海道の雑草地にとても多いバッタです。

[Disc1-66] 野付の浜のハネナガキリギリス

　2012年9月11日15時，北海道標津町。収録時間30秒。

　ハネナガキリギリス「ギー　チョ」

　野付半島の砂浜で，ハマナスの群落にハネナガキリギリスが鳴いていました。背景に波の音が入ります。野付半島は細長い砂嘴を挟んで，オホーツク海側は荒波が打ち寄せる砂浜，野付湾側は静かな海岸湿地になっています。道東では低地の草原ならどこにでも多いハネナガキリギリスですが，やはり海岸の砂丘で波音とともに聞く声がよく似合います。

ハネナガキリギリス　*Gampsocleis ussuriensis*　Disc 1-65, 66, 67, 68, 71

　ニシキリギリスやオキナワキリギリスによく似るが，オスの発音器がやや大きい。体長30〜35 mm。草地や湿原に普通。8〜9月に成虫。北海道に分布する。

ハネナガキリギリス♂　　　　　　　ハネナガキリギリス♀

[Disc1-67] 原生花園のカラフトキリギリス

2013 年 8 月 8 日 9 時，北海道小清水町。収録時間 80 秒。

カラフトキリギリス「ジャ　ジャ　ジャ　ジャ」，ハネナガキリギリス「ギー」

カラフトキリギリスは，北海道オホーツク海沿岸の砂浜草原にすむ鳴く虫です。分布や生息環境がかぎられていて，朝の短い時間にだけ鳴くという変わった生態をもち，がっしりと立派な体格で，ほかに似た種がおらず，珍種と呼ぶにふさわしい風格をそなえています。そのカラフトキリギリスに出会いたくて，夜明け前から浜にやってきました。ところが，あたりにはときおりハネナガキリギリスの声がするばかり。今日は鳴かないのかと心配しつつ時をすごし，やがて朝日が差し始めると，ハマナスの茂みの下で待望のカラフトキリギリスが鳴き始めました。

カラフトキリギリス
Decticus verrucivorus

Disc 1-67

体は大型で太い。前胸の背中に隆起線がある。緑色型と褐色型がある。体長 38〜40 mm。海岸の砂浜周辺の草地や湿地にすみ，朝に鳴く。8〜9 月に成虫。北海道のオホーツク沿岸に局所的に分布する。

カラフトキリギリス♂

[Disc1-68] 原生花園の夜の虫しぐれ

2012 年 9 月 11 日 22 時，北海道小清水町。収録時間 56 秒。

カンタン「ロロロロ」，ヒメクサキリ「ジー」，ハネナガキリギリス「ギー」，エゾツユムシ「シープチチ」

北海道のオホーツク海沿岸，砂浜につづく原生花園の草原で夜に賑やかな虫しぐれが聞こえました。秋の北海道は夜になるとずいぶん冷え込んできま

すが，それでもいろいろな種類の虫が元気に鳴いていました。あたりにはカンタンの声があふれ，ヒメクサキリは前奏の「ジッ　ジッ　ジッ」という声も入っています。ハネナガキリギリスはおもに昼間に鳴くのですが，夜にも散発的にゆるゆると鳴きます。

[Disc1-69] 海岸砂丘のエゾツユムシ

2012年9月11日23時，北海道小清水町。収録時間30秒。

エゾツユムシ「シーシーシープチチ」

　海岸砂丘の原生花園で深夜にエゾツユムシが元気に鳴いていました。本州のエゾツユムシは多少の木立があるところを好みますが，北海道では草原に多いようです。砂浜のコウボウムギなどの背の低い草地のなかで，ハマナスの生えているところは少し背の高い植物群落になっており，エゾツユムシがたくさんいました。

[Disc1-70] 湿原のヒザグロナキイナゴ

2013年8月7日18時，北海道網走市能取湖。収録時間54秒。

ヒザグロナキイナゴ「ジエジエジエ」

　能取湖などのオホーツク海に通じる海跡湖には，沿岸に塩生植物の湿原がひろがり，日本では北海道にしか見られない珍しい鳴く虫がすんでいます。ヒザグロナキイナゴもそのひとつで，湿原から陸へつづく境目あたりのアシ原でよく見られます。ナキイナゴに似ていますが，体側に濃褐色のラインが入った渋い色彩のバッタです。

ヒザグロナキイナゴ
Podismopsis genicularibus

Disc 1-70

　体は淡褐色で，眼の後方に濃褐色の帯がある。後腿節の先端が黒い。体長 ♂ 15〜17 mm，♀ 28〜30 mm。草原にすむ。6〜8月に

ヒザグロナキイナゴ♂

成虫。北海道に分布する。

[Disc1-71] アシ原のキタササキリ

2012年9月12日10時，北海道網走市能取湖。収録時間30秒。

キタササキリ「サササササ」，ハネナガキリギリス「ギーチョ」，シバスズ「ジー」

広葉樹林の林縁に小さな空き地があり，そこに生えたアシの茂みでキタササキリを見つけました。鳴き声は非常に聞き取りにくい連続した高音で，なんだかかすかに鳴いているような気がする，と思ったら目の前でキタササキリが鳴いていたのでした。キタササキリは日本では比較的最近になって存在を知られるようになった種で，生態はまだあまりよくわかっていません。

キタササキリ生息地

キタササキリ　*Conocephalus fuscus*　Disc 1-71

翅はやや長く，産卵器は長くてまっすぐ。緑色型と褐色型がある。体長♂13 mm，♀19 mm。湿地の草の上やアシ原にいるが，局所的。8月下旬から9月上旬に成虫。北海道に分布する。

キタササキリ♂　　　　　キタササキリ♀

フィールド紹介・道東

　北海道の東部，能取湖から知床峠をこえて野付半島あたりにかけての沿岸は，砂浜から高山帯にいたるまで，いかにも道東らしいさまざまな自然環境が見られます。北海道では，いろいろな場所に行こうと思うと，移動距離が長くなってたいへんなのですが，このあたりは比較的コンパクトに回ることができます。本書の取材で何度も訪れました。それというのも，行くたびになぜかいつも天気が崩れ，肝心のカラフトキリギリスがなかなか録れなかったからなのですが。しかし，道東では虫が鳴かなくても，お楽しみはいっぱいあります。北海道ならではの昆虫を探し，港を覗いてクラゲを探し，イクラ丼だの蝦夷鹿バーガーだの食べて，おみやげに昆布を買って帰ります。

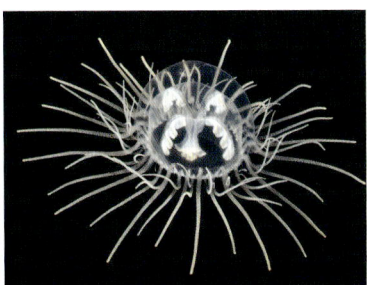

斜里町の港で見つけたキタクラゲ

知床の山と湿原　　　　　能取湖の汽水湿原

[Disc1-72] 道南河川敷のヒメクサキリ

　2013年9月9日18時，北海道千歳市。収録時間30秒。

ヒメクサキリ「ジー」，エンマコオロギ「コロコロリー」

　千歳川の河川敷でエゾエンマコオロギを探していました。草地から飛び出すエンマコオロギ類を捕まえては顔を見るのですが，目のまわりの黄色い眉

斑が小さな個体が多く，エゾエンマコオロギにそっくりなのです。ところが，周囲の鳴き声はエンマコオロギばかり。少々困惑してしまいましたが，どうもすべてエンマコオロギのようでした。しかたがないので，エンマコオロギの声を背景に，堤防の草地で鳴くヒメクサキリにマイクを向けてみました。

[Disc1-73] 夕張駅前のタンボオカメコオロギ

2013 年 9 月 10 日 5 時，北海道夕張市。収録時間 30 秒。

タンボオカメコオロギ「リリ　リリ　リリ」

新夕張駅の周辺を早朝に散歩していると，街路樹の植え込みの地表でタンボオカメコオロギが鳴いていました。本州ではタンボオカメコオロギは湿った草地のコオロギですが，北海道ではこんな乾燥したところにもいるのかと少し驚きました。夕張の街中ではありますが，さすがに朝が早いために周囲も静かなたたずまいです。やわらかなコオロギの鳴き声だけがつづいていました。

[Disc1-74] エゾエンマコオロギとエンマコオロギ

2013 年 9 月 9 日 21 時，北海道由仁町三川。収録時間 40 秒。

エゾエンマコオロギ「フィリリ　リー」，エンマコオロギ「コロコロリーリー」

北海道ではエゾエンマコオロギは普通種といわれていますが，道南ではどうもエンマコオロギが優勢な様子です。エンマばかりだった千歳市から東の方へ進んで行くと，ようやくエゾエンマコオロギの声があらわれました。エンマコオロギもいっしょに鳴いています。エゾエンマコオロギとエンマコオロギは，姿かたちはそっくりですが，こうしていっしょに鳴き声を聞くと，明確に異なるというのがよくわかります。

[Disc1-75] 北海道のエゾエンマコオロギ

2013 年 9 月 9 日 22 時，北海道由仁町三川。収録時間 60 秒。

エゾエンマコオロギ「フィリリ　リリ」

本州ではエゾエンマコオロギは河原などの石がごろごろした環境にかぎっ

て見られますが，北海道では畑などにもすんでいます。ここでも，人家周辺の畑や草地からエゾエンマコオロギの声が聞こえていました。ところが，鳴いている場所をつきとめてよく観察すると，枯草を積んだ下などにはエンマコオロギが鳴いていて，石垣のすきまや敷石の下などでエゾエンマコオロギが鳴いていました。やはり，エゾエンマコオロギは石っぽいところを好むのだなあと感心しました。

エゾエンマコオロギ　*Teleogryllus infernalis*　　　　　　Disc 1-74, 75

　体は黒褐色で，エンマコオロギに似るが，頭部の眉紋はごく小さい。メスの産卵器はエンマコオロギよりも長い。体長♂20〜33 mm，♀20〜33 mm。北海道ではひろく見られるが，本州では局所的。秋に成虫。北海道，本州（和歌山県が南限）に分布する。

エゾエンマコオロギ♂　　　　　　エゾエンマコオロギ♀

琉球の草むら

　奄美大島や沖縄島，八重山諸島では，温暖で多湿な気候なので，本来は草地が少ないのですが，人の手でつくり出された草地はたくさんあります。これらの地域の草地には，九州以北では見られない南方系の鳴く虫がたくさんすんでいます。森林性の貴重種に目を向けがちですが，やはり鳴く虫の種類や数が多いのは草むらです。奄美から八重山にかけて，畑のまわりの雑草地や，牧草地，林道わきの草地などの虫の音を収録しました。

与那国島の水田周辺の草むら

[Disc1-76] 奄美大島のオキナワシブイロカヤキリ
　2013年4月17日21時，鹿児島県奄美大島大和村。収録時間60秒。
オキナワシブイロカヤキリ「ジャー」，タイワンエンマコオロギ「フィリ

リ」，アマミアオガエル（カエル）「キリリ　コロロ」

　林の付近にススキや低木のやぶがあり，オキナワシブイロカヤキリが大きな声で鳴いています。本州にいるシブイロカヤキリに似てしわがれ声ですが，やや音が高いように思います。姿もシブイロカヤキリに似ていますが，より大型で重量感のある鳴く虫です。やぶの向こうには小さな湿地があるらしく，アマミアオガエルも鳴いています。

オキナワシブイロカヤキリ　*Xestophrys platynotus* Disc 1-76
　体は褐色で顔は黒い。シブイロカヤキリによく似るが，より大型。ほぼ周年成虫。体長31〜37 mm。丈の高いイネ科の草地などにすむ。奄美大島以南の南西諸島に分布する。

オキナワシブイロカヤキリ♂　　　　　オキナワシブイロカヤキリ♀

［Disc1-77］アシグロウマオイの大声
　2013年7月23日22時，沖縄県沖縄島東村。収録時間90秒。

　アシグロウマオイ「ギー　ギュギー　ギュギギー」，タイワンウマオイ「シッチョ　シッチョ」，タイワンカヤヒバリ「チリ　チリ」

　アシグロウマオイは沖縄の夏の夜を代表する鳴く虫といっていいでしょう。背の高い草むらにすみ，大声で鳴きつづけます。息継ぎをするような短いあいまを入れるのが特徴です。録音はマングローブ林縁にある見上げるように背の高いダンチクの群落にて行いました。背の高い草地が好きなタイワ

ンウマオイやタイワンカヤヒバリも鳴いています。

アシグロウマオイ　*Hexacentrus fuscipes* Disc 1-77, 78, 2-63

　体は褐色で，肢は黒色。オスの前翅は風船状にふくらむ。メスには短翅型と長翅型がある。体長 17〜23 mm。丈の高いイネ科の草地にすむ。7〜10 月に成虫。小笠原諸島母島，南西諸島(奄美大島以南)に分布する。

アシグロウマオイ♂

[Disc1-78] 最近増えてきたタイワンカヤヒバリ

　2013 年 7 月 23 日 21 時，沖縄県沖縄島東村。収録時間 60 秒。

　タイワンカヤヒバリ「チリ　チリ」，アシグロウマオイ「ギュイー　ギュギー」，タイワンウマオイ「シッ　シッ」

　畑のわきの背の高い草むらで，タイワンカヤヒバリが鳴いています。少し

はなれて，アシグロウマオイやタイワンウマオイがやかましく鳴いています。タイワンカヤヒバリは小さな体ながらとてもよく通る特徴的な金属音で鳴き，車で走っていても聞こえるほどです。沖縄島北部で最近増えているといわれています。たしかに以前は聞いたことがなかった声ですが，今ではごく普通になっています。

タイワンカヤヒバリ　*Svistella henryi*　　　　　　　　Disc 1-77, 78

　体は黄褐色で後腿節の先端に明瞭な小黒点がある。体長♂ 6.4 mm，♀ 6.8 mm。乾いたススキなどの草原やサトウキビ畑にすむ。沖縄島，石垣島，西表島，与那国島に分布する。

タイワンカヤヒバリ♀　　　　　　　　ヒメアマガエル

[Disc1-79] 水たまりのほとりでケラとヒメアマガエル

　2011年4月24日21時，沖縄県沖縄島東村。収録時間30秒。

　ケラ「ビョー」，ヒメアマガエル（カエル）「コココココ」

　林縁のちょっとした空き地に小さな水たまりがあり，湿った地表の土のなかからケラのくぐこもった声が聞こえます。水辺ではヒメアマガエルも鳴いています。ケラは地中で鳴くので，その鳴き姿を見ることはめったにできませんが，よく飛んで灯りに集まるため，電灯の下で歩いている姿はよく見かけます。

[Disc1-80] 紅芋畑のタンボコオロギ

2013年11月4日20時，沖縄県沖縄島東村。収録時間30秒。

タンボコオロギ「ジャッ　ジャッ　ジャッ」，リュウキュウコノハズク（鳥）「コホ　コホ」

　紅芋畑のなかでタンボコオロギが鳴いています。まわりではいろいろな鳴く虫の声がしますが，多数がまじって判然としません。近くの林からはリュウキュウコノハズクの声も聞こえます。タンボコオロギはその名のとおり水田や耕作地に多いコオロギで，本州南部から琉球にかけてひろく分布する普通種ですが，多数が群れて鳴くことは少なく，ぽつらぽつらと声が聞こえることが多い種類です。

[Disc1-81] 畑のフタイロヒバリ

2012年11月13日9時，沖縄県沖縄島国頭村奥間。収録時間60秒。

フタイロヒバリ「リュリリリリ」

　畑わきの草地で，朝からフタイロヒバリが鳴いています。フタイロヒバリは少し湿った明るい草地にすむヤマトヒバリの仲間です。変化のある明るい鳴き声で，なかなかの美声です。小型ながら胸部が鮮やかな赤色をしていることがあり，その姿も美しい鳴く虫です。沖縄島では最近になって増えてきているといわれています。

フタイロヒバリ　*Homoeoxipha lycoides* 　　　　　　　　　Disc 1-81

　ヤマトヒバリに似ているが，やや大型。体は黒色で胸部が赤みをおびるが，個体変異がある。体長♂ 5.6 mm，♀ 5.1 mm。明るい湿性草原にすむ。八丈島，沖縄島，渡嘉敷島に分布する。

[Disc1-82] 雑草地のオキナワキリギリス

2012年6月22日15時，沖縄県沖縄島本部町。収録時間60秒。

オキナワキリギリス「ギー　ギー　チョ」

　オキナワキリギリスはニシキリギリスによく似ていますが，ひときわ大型で，日本でいちばん大きなキリギリスです。鳴き声もニシキリギリスに似て

琉球の草むら

フタイロヒバリ♂　　　　　　　　　フタイロヒバリ♀

ドラミング

　鳴く虫の仲間には，体の一部をとまっている植物の枝などに打ちつけるドラミングと呼ばれる行動が知られています。発音というよりは，基質を振動させるもので，野外では音として聞く機会はなかなかありません。飼育下では，振動が伝わりやすいような薄いプラスチックの容器などを使用すると，振動が音として聞こえることがあります。翅で鳴かない種でよく見られ，音声に替わるコミュニケーションの手段になっているようです。後肢の脛節や腹部を使う種が多いのですが，最近，オキナワヒバリモドキが口髭を使ってドラミングすることが観察されました。昆虫のドラミング行動は，まだまだ未知の部分の多い分野です。

オキナワヒバリモドキ♂

いて，「ギー」の部分にあまり抑揚のない鳴き声です。日本のキリギリス類は南の方ほど生息地が局所的になる傾向がありますが，オキナワキリギリスはその最南端分布種で，沖縄島のなかでもごくかぎられた場所に見られます。すんでいるのは畑のまわりの雑草地で，そんな環境はどこにでもあるの

鳴くしくみと役割

　キリギリス類やコオロギ類では，左右の翅をこすりあわせて発音します。オスの前翅には，細かい突起が1列にならんだ「やすり器」と呼ばれる部分と，翅脈が固く変化した「こすり器」と呼ばれる部分があります。こすり器でやすり器をこすって振動させ，翅で増幅して音声として発します。キリギリス類では，左前翅裏側にやすり器，右前翅表側にこすり器があり，コオロギ類では逆に右前翅裏側にやすり器，左前翅表側にこすり器があります。いずれも，翅を使って発音するので，よく鳴く種ではオスの翅は翅脈が複雑な形をしていて，メスの翅脈は単純です。鳴かない種ではオスの翅脈も雌と同様に単純です。バッタ類では，後肢の腿節で，前翅をこすることで発音します。翅にやすり器がある種と肢にやすり器がある種があります。ツユムシ類はキリギリスの仲間で，オスはほかのキリギリス類と同様に発音しますが，メスも発音することが知られています。メスの右前翅に細かい棘がならんでいて，これを左前翅ではじいて音を出します。

　鳴く虫の声は，おもにオスが繁殖のためにメスを呼ぶために用いられます。多数の種がまじって鳴いていても，同じ種どうしを認識できるように，それぞれの種で異なる鳴き声を発達させたと考えられます。なかには，メスを呼ぶときの鳴き方（呼び鳴き）とメスが近くにいて交尾を促すときの鳴き方（求愛鳴き）が異なる種もいます。

タンボコオロギ♂のやすり器とこすり器

に，どうしてそんなに局所的なのか，とても不思議です。

オキナワキリギリス　*Gampsocleis ryukyuensis*　Disc 1-82

大型で翅が長い。ニシキリギリスよりもオスの発音器が細長い。体長約40 mm。草地や畑地にすみ，局所的。6〜9月に成虫。沖縄諸島，宮古列島に分布する。

オキナワキリギリス♂　　　　　　　　オキナワキリギリス♀

[Disc1-83] サトウキビ畑の虫しぐれ

2011年11月4日21時，沖縄県西表島大富。収録時間60秒。

タイワンエンマコオロギ「フィリーリーリー」，カマドコオロギ「チリチリチリチリ」，ヒロバネカンタン「リュー　リュー」

夜のサトウキビ畑のにぎやかな虫しぐれです。畑のなかを通る道端で，カマドコオロギがたくさん鳴いています。畑のなかではなく，道路のコンクリートの隙間にいるようです。畑のまわりの裸地ではタイワンエンマコオロギがにぎやかです。サトウキビのあいだに生える雑草の上ではヒロバネカンタンも聞こえます。

[Disc1-84] 道路わきのカマドコオロギ

2011年11月4日23時，沖縄県西表島大見謝川。収録時間30秒。

カマドコオロギ「チリチリチリチリチリ」

道路わきでカマドコオロギが鳴いています。カマドコオロギは本州では屋内のかまど周辺の暖かいところにすんでいたことから名付けられました。沖縄では野外にも普通ですが、自然の林や草地では見られず、いつもコンクリートの隙間などの人工物のまわりでくらしています。広大な原生林のひろがる西表島では、集落や道路付近にかぎってカマドコオロギが見られます。

サトウキビ畑の草地

カマドコオロギ　*Gryllodes sigillatus*　　Disc 1-83, 84

体は平たく、黄褐色。翅は短い。体長♂約14 mm、♀約17 mm。市街地などに多い。周年成虫が見られる。本州、四国、九州、対馬、小笠原、南西諸島に分布する。

カマドコオロギ♂ 　　　　　　　　　　　カマドコオロギ♀

琉球の草むら

[Disc1-85] 芝生地のオガサワラクビキリギス

2011年11月6日20時，沖縄県西表島船浦。収録時間22秒。

ネッタイシバスズ「ジー　ジー」，ネッタイオカメコオロギ「リリリリ」，オガサワラクビキリギス「ジーーーー」，タイワンエンマコオロギ「フィリフィリ」

駐車場わきの芝生地です。ネッタイシバスズをはじめ，明るい草地を好む鳴く虫が鳴いています。途中から突然オガサワラクビキリギスが大きな声で鳴き始めます。オガサワラクビキリギスはクビキリギスにそっくりで，声もよく似ていますが，クビキリギスよりも微妙にしわがれた低めの声で鳴くようです。

オガサワラクビキリギス　*Euconocephalus nasutus* Disc 1-85

クビキリギスにきわめてよく似るが，翅端がやや尖ることで区別できる。体長28〜36mm。生活史や生態はクビキリギスとほぼ同様。本州（まれ），四国南部，九州南部，小笠原諸島，南西諸島に分布する。

オガサワラクビキリギス♂ 　　　オガサワラクビキリギス♀

[Disc1-86] 道ばたのネッタイシバスズ

2011年11月4日17時，沖縄県西表島古見。収録時間30秒。

ネッタイシバスズ「ジィー　ジィー」

照葉樹林内を通る道路わきに狭い空き地があり，雑草が少しばかり生えて

います。ネッタイシバスズはこんなところに多い小さなコオロギです。本州などにすむシバスズと姿はそっくりですが，鳴き声はシバスズよりも短く規則的に区切って鳴くのが特徴です。

ネッタイシバスズ　*Polionemobius taprobanensis*　Disc 1-85, 86, 89, 91

シバスズによく似るが，メスの産卵器が短く，鳴き声が異なり，短く切って鳴く。体長♂ 6.7 mm，♀ 7.3 mm。明るい草地にすむ。周年成虫。南西諸島（徳之島以南）に分布する。

ネッタイシバスズ♂　　　　　　　　ネッタイシバスズ♀

[Disc1-87] 深夜のフタホシコオロギ

2013年9月18日2時，沖縄県石垣島吹通川。収録時間60秒。

フタホシコオロギ「キリキリキリ」

駐車場のまわりの芝生でフタホシコオロギが鳴いています。深夜の遅い時刻のためか，ほかの鳴く虫の声はほとんど聞こえず，1匹のフタホシコオロギだけが鳴きつづけていました。明るい草地や畑にすみ，黒くて大きな体つきのコオロギで，よく通る大きな声で鳴きます。

フタホシコオロギ　*Gryllus bimaculatus*　Disc 1-87

大型のコオロギで，全身黒く，前翅の基部に1対の黄色い斑紋がある。体長♂ 約36 mm，♀ 約36 mm。耕作地や人家周辺の草地にいる。成虫は周

年。沖縄島，先島諸島に分布する。実験用や餌用として養殖される。

[Disc1-88] 林間芝生地の ヒメコガタコオロギ

2013年5月21日12時，沖縄県与那国島。収録時間30秒。

ヒメコガタコオロギ「チーチーチーチー」，ネッタイオカメコオロギ「リリリリリ」

フタホシコオロギ♂

森林にかこまれた芝生地でヒメコガタコオロギが鳴いています。少し離れて，ネッタイオカメコオロギとヒヨドリなどの鳥が鳴いています。ヒメコガタコオロギは沖縄の開けた草地を代表するコオロギです。森林のなかにある小さな開けた空間は，鳴く虫をはじめ多くの生き物を観察しやすいところです。

ヒメコガタコオロギ *Modicogryllus consobrinus* Disc 1-88, 90

やや小型のコオロギ。体は黄褐色で，眼のあいだに明瞭な黄色の帯がある。体長♂ 14～15 mm，♀ 11～13 mm。耕作地や人家周辺の草地に普通。周年成虫。南西諸島に分布する。

ヒメコガタコオロギ♂    ヒメコガタコオロギ♀

[Disc1-89] 牧草地の虫しぐれ

2013年5月20日23時，沖縄県与那国島。収録時間60秒。

チャイロカンタン「ビリィー　ビリィー」，ネッタイシバスズ「ジー」

　八重山諸島にはチャイロカンタンのほか，インドカンタン，ヒロバネカンタンというよく似た種がいて，いずれも乾燥した草地にすみ，見分けるのはかなり難しいです。チャイロカンタンはほかの2種よりも大型で，長く引っぱって鳴くことで区別できます。録音は夜の牧草地で，チャイロカンタンが草の上で鳴き，周囲ではネッタイシバスズなどの草地を好む鳴く虫が多数鳴いています。チャイロカンタンは鳴きながら体の向きを変えるので，聞こえる声の大きさがときどき変化します。

与那国の牧草地　　　　　　　　　　チャイロカンタン♂

チャイロカンタン　*Oecanthus rufescens*　　　　　　　　　Disc 1-89

　体は淡褐色で，腹版は黒くない。インドカンタンによく似るが，鳴き声が異なる。体長 14〜17 mm。平地の草地にすむ。奄美大島，八重山諸島に分布する。

［Disc1-90］石垣島のヒロバネカンタン

　2013 年 9 月 19 日 2 時，沖縄県石垣島名倉。収録時間 30 秒。

　ヒロバネカンタン「リー　リー」，タイワンエンマコオロギ「フィリリー」，ヒメコガタコオロギ「チー　チー」，ヒメアマガエル（カエル）「カララ　カララ」

　牧草地周辺の雑草地でヒロバネカンタンが鳴いています。周辺では草地にすむ鳴く虫がいろいろ。ヒロバネカンタンは八重山にすむカンタンのなかではいちばん短く区切って鳴きます。西日本では低地に普通ですが，沖縄では八重山地方にのみ知られ，沖縄島などでは見つかっていません。しかしカンタン類は見分けるのが難しいため調査はまだ十分ではなく，今後分類が変更になるかもしれません。

［Disc1-91］雑草地にすむインドカンタン

　2013 年 9 月 18 日 21 時，沖縄県石垣島名倉。収録時間 28 秒。

　インドカンタン「リィー　リィー」，ネッタイシバスズ「ビー　ビー」

　牧草地周辺の雑草でインドカンタンが鳴いています。インドカンタンはチャイロカンタンよりも短く，ヒロバネカンタンよりも長く鳴きます。インドカンタンは沖縄では最も普通のカンタンで，明るい乾燥した雑草地によく見られます。

インドカンタン　*Oecanthus indicus*　　　　　　　　　　Disc 1-91

　体は淡褐色で，腹板は黒くない。体長 14〜18 mm。平地の開けた荒地や耕作地にすむ。ヒロバネカンタンより長く区切って鳴く。奄美大島以南の南西諸島に分布する。

インドカンタン♂　　　　　　　　　インドカンタン♀

[Disc1-92] サンゴ礁の浜辺でイソスズ

2011年11月7日1時，沖縄県西表島祖納。収録時間73秒。

イソスズ「ビッ　ビッ　ビー」

　西表島の夜の砂浜です。外洋の大きな波ははるか沖のサンゴ礁のリーフで砕け，浜にはおだやかな波が打ち寄せています。サンゴや有孔虫の殻でできた砂浜に，荒々しい琉球石灰岩の岩礁が接するあたり，砂や岩の上ではイソスズの姿がちらほらと見つかります。海岸にすむコオロギには翅がなくて鳴かないものが多いのですが，イソスズのオスには小さな翅があり，ささやかな声で鳴きます。

イソスズ　*Thetella elegans*　　　　　　　　　　　　　　　　Disc 1-92

　淡褐色の体に細かな斑紋があり，生息地の砂によく似ている。メスには翅

がない。体長♂6.8〜8.4 mm，♀7.5 mm。海岸の砂浜や岩礁などにすみ，夜間，潮間帯上部で活動する。周年成虫。南西諸島（奄美大島以南）に分布する。

イソスズ♂　　　　　　　　　イソスズ♀

沖縄の海岸

　沖縄の島々では，海岸の自然が非常におもしろいです。南方系の浜辺の昆虫が観察できるのはもちろんですが，人の手があまり加えられていない自然海岸が多く残されています。海から波打ち際，砂浜や岩礁，海岸性植物群落を経て陸上の森林に至るまで，人工物で遮られることのない自然のままの海岸が広範囲に見られます。本州では，このような自然海岸はほとんど残っていません。堤防や道路が海と陸を分断しているのです。

琉球の砂浜を彩るグンバイヒルガオ

[Disc1-93] イソカネタタキとイワサキクサゼミ

2013年5月20日15時，沖縄県与那国島。収録時間34秒。

イソカネタタキ「チリチリチリチリ」，イワサキクサゼミ(セミ)「ジィーー」

与那国島の牧場のところどころに小さな低木の茂みがあり，イソカネタタキがたくさん鳴いていました。いろいろな鳥の声が入り，途中からイワサキクサゼミも鳴き始めます。イソカネタタキは「イソ」と名付けられていますが，必ずしも海岸限定ではなく，沖縄では低地の草地や低木地によくいる鳴く虫です。

鳴くイワサキクサゼミ

[Disc1-94] 与那国馬の牧場でマメクロコオロギ

2013年5月20日17時，沖縄県与那国島。収録時間60秒。

マメクロコオロギ「フィリ　フィリ」

マメクロコオロギは不思議な珍種です。畑や芝生地にすみ，琉球ではひろく分布が知られていて，いかにも普通種のようなコオロギなのですが，実際にはなかなか見つからないのです。あちこち探して歩きましたが，与那国島の放牧場の芝生で鳴いているのにようやく出会うことができました。

マメクロコオロギ　*Melanogryllus bilineatus*　　　　Disc 1-94

エンマコオロギ類に似るが，より小さく，頭部の眼のまわりに眉斑はない。体長♂約11 mm，♀約16 mm。耕作地などの草地にいる。南西諸島(奄美以南)に分布する。

[Disc1-95] バットディテクターで聞くマダラバッタ

2013年11月6日9時，沖縄県久米島兼城。収録時間14秒。

マダラバッタ「ジャカジャカジャカ」(バットディテクターによる変換音)

サトウキビ畑の周辺で草地にたくさんのマダラバッタがいました。鳴き声

琉球の草むら

マメクロコオロギを見つけた放牧地

マメクロコオロギ♂　　　　　　　　マメクロコオロギ♀

は聞こえませんでしたが，超音波を可聴音に変換できるバットディテクターという機械を使うと 20 kHz あたりでさかんに発音していることがわかりました。可聴域に近い音域ですが，私の耳には残念ながら聞こえません。バッタ類では後肢を前翅にこするような行動がよく観察されますが，多くは超音波の発音なのかもしれません。

マダラバッタ　Aiolopus thalassinus tamulus　Disc 1-95

　緑色から褐色まで色彩変異がある。後脛節は赤青黒のまだら模様。後翅は透明。体長♂約 21 mm，♀約 23 mm。裸地や明るい草地に普通。本州では 8〜11 月，南西諸島では周年成虫。北海道，本州，四国，九州，伊豆諸島，対馬，南西諸島に分布する。

マダラバッタ♂

マダラバッタ♀

おそるべし，録音機の進歩

　虫の音は高音域が多く，人の声などに比べると格段に録音するのが難しい音源です。かつてアナログのカセットテープレコーダーでコオロギの声を録音してみたことがあるのですが，再生した音は本物とは大きく違っていて，がっかりしたものです。虫の音録音のベテランの方にその方法を聞いてみたりしたのですが，なんだかとてもたいへんそうで，録音には手を出さずにいました。ところが，時がたち，いつのまにやら録音機器は大きく進歩していました。ちょっとしたきっかけがあって，リニア PCM レコーダーを試してみると，本物の声とほとんど変わらない録音があっさりできるではありませんか。こんないいモノを手に入れたからには，がんばるほかあるまい。虫しぐれを集めよう。『バッタ・コオロギ・キリギリス大図鑑』と『バッタ・コオロギ・キリギリス生態図鑑』をつくったときには，カメラをもって各地を訪ね歩きましたが，今度は録音機をもって，もういっぺん日本全国鳴く虫行脚となりました。

Ⅱ．森林の部

ハヤシノウマオイ

ヒルギカネタタキ

照葉樹林

　西日本の低地では，もともとシイやカシ類などからなる照葉樹林と呼ばれる常緑の樹林に覆われていました。人間が切り開いて，本来の照葉樹林はずいぶん少なくなりましたが，地形の急峻な山地や，社寺林などにその片鱗をみることができます。深くて暗い照葉樹林には鳴く虫の姿はあまり多くはありませんが，日本古来の貴重な昆虫類のすみかです。西日本から屋久島にかけての照葉樹林で，虫の音を集めました。

四国の照葉樹林

[Disc2-01] 淡路先山のクチキコオロギ

2011年8月22日20時，兵庫県淡路島先山。収録時間60秒。

クチキコオロギ「リュイー」，ハヤシノウマオイ「シィー　チョ」

夜の照葉樹林でクチキコオロギの低い声がひびいています。大きな樹木の幹にすみ，昼間は樹皮の割れ目などに隠れていますが，夜になると樹幹や地表を歩き回ります。淡路島の先山は照葉樹林が比較的よい状態で残っており，鳴く虫の観察にしばしば訪れる場所です。鳴かないですがおもしろいカマドウマ類も多く，夏のおわりには，ここで楽しい夜歩きをします。

淡路島先山のゴリアテカマドウマ♀

[Disc2-02] 屋久島の照葉樹林でクチキコオロギ

2011年7月12日23時，鹿児島県屋久島安房。収録時間30秒。

クチキコオロギ「リュイー」

屋久島は山地の屋久杉の森が有名ですが，海岸近くの低地は照葉樹林に覆われています。それでも，照葉樹林のなかにはスギがたくさんまじっています。屋久杉と呼ぶほどには達しない若いスギですが，さすがに屋久島という風格を感じさせる照葉樹林です。そんな夜の森で，屋久島固有種のササキリモドキやクロギリスを探して歩いていると，クチキコオロギが鳴いていました。クチキコオロギは屋久島固有ではありませんが，島の照葉樹林によく似合う鳴く虫です。

クチキコオロギ　*Duolandrevus ivani* 　Disc 1-11, 44, 2-01, 02, 12, 57, 59, 62, 74

コオロギ科によく似た体型で，翅は短い。体は黒褐色で，肢は淡色。体長 ♂30 mm，♀30〜32 mm。照葉樹林内の樹皮下や岩の割れ目などにすむ。ほぼ周年成虫。本州南部，四国，九州，伊豆諸島，対馬，奄美大島，沖縄諸

照葉樹林

島に分布する。

鳴くクチキコオロギ♂　　クチキコオロギ♀

フィールド紹介・屋久島

　屋久杉で有名な屋久島ですが，数多くの貴重な昆虫のすみかでもあります。鳴く虫の仲間にも，魅力的な固有種が知られています。ヤクシマクロギリスやヤクシマコバネササキリモドキなど，大きな声では鳴かない種なので，本書の対象ではないのですが，屋久島を訪れるのは，これらがお目当てです。屋久島の山を歩くのは，夜がメインなので，朝はゆっくり寝て，夕方ごろから本気を出します。屋久島を訪れる多くの観光客や登山者は，朝早く起きて縄文杉などをめざして山に入りますから，私が屋久島へ行くと，まわりとペースが合いません。宿の人には変な目で見られます。こいつは屋久島に来たくせになんでこんなに朝寝坊なのか，なんて思われているんでしょうね。

屋久島固有のヤクシマクロギリス　　屋久島固有のヤクシマコバネササキリモドキ

[Disc2-03] 屋久島のクロツヤコオロギ

2011年7月12日22時，鹿児島県屋久島安房。収録時間60秒。

クロツヤコオロギ「チリチリチリチリチリ」

　南日本の温暖な地域の草原で，初夏の夜にはクロツヤコオロギの大きな声がよく聞こえます。地面に穴を掘って隠れる習性があり，声がよく目立つわりには姿を見るのは難しいのですが，その名のとおり黒くて光沢のあるかっこいいコオロギです。屋久島では標高の低い地域によく見られます。照葉樹林にかこまれた小さな空き地でさかんに鳴いていました。

[Disc2-04] 南紀のナツノツヅレサセコオロギ

2011年7月8日21時，和歌山県日置川町。収録時間30秒。

ナツノツヅレサセコオロギ「リー　リー　リー　リー」

　ツヅレサセコオロギは卵で越冬して秋に成虫になりますが，これによく似たナツノツヅレサセコオロギは本州では幼虫で越冬して初夏に成虫になります。「夏の」ツヅレサセコオロギです。暖地のコオロギで，本州南部以南に分布します。録音は日置川ぞいの照葉樹林。ツヅレサセコオロギよりも少し森林を好む傾向があります。

[Disc2-05] 照葉樹林縁のヤブキリ

2011年7月8日22時，和歌山県日置川町。収録時間30秒。

ヤブキリ「シリシリシリシリシリ」，ナツノツヅレサセコオロギ「リーリー」

　照葉樹林の縁に大きなクヌギが数本あり，樹上でヤブキリが鳴いていました。林ではナツノツヅレサセコオロギが鳴きつづけ，近くの田んぼからはヌマガエルやニホンアマガエルの声がときおり聞こえます。ヤブキリは卵で越冬する鳴く虫のなかではほかに先駆けて初夏のころから鳴き始めます。樹上からヤブキリの声が聞こえてくるようになると，そろそろ梅雨明けです。

[Disc2-06] 対馬名物の
コズエヤブキリ

　2012年7月18日22時，長崎県対馬内山峠。収録時間30秒。

　コズエヤブキリ「シリリ　シリリ　シリリ」，ツシマフトギス「ジィーッ　ジィーッ」

　対馬の夏の夜，照葉樹林の樹上はコズエヤブキリの軽快な区切り鳴きにつつまれます。林のまわりの低木ではときおりツシマフトギスも鳴いています。対馬では山地の林にコズエヤブキリがきわめて多く，その虫しぐれは対馬の名物といってもいいでしょう。コズエヤブキリは四国や紀伊半島などの太平洋側の山地におもに分布しますが，日本海側では対馬にだけすみます。これを別種とする説もあり，まだ研究が必要といわれています。

対馬のコズエヤブキリ♂

[Disc2-07] 対馬特産のツシマフトギス

　2013年7月13日22時，長崎県対馬久根。収録時間60秒。

　ツシマフトギス「ジィーッ　ジィーッ」，ナツノツヅレサセコオロギ「リー　リー　リー」，ヤブキリ「ジリリリリリ」

　対馬の鳴く虫といえば，なんといってもツシマフトギスです。対馬の特産種で，近縁種は東アジアの大陸にいます。大型で短い翅の姿がいかにも大陸系な独特の雰囲気です。鳴き声は大きな体に似合わず控えめで，よく探さないと気づかないかもしれません。個体数は多いのですが，成虫があらわれるのは7月ごろの比較的短い期間だけのようです。林道ぞいのやや開けた明るい雑木林でたくさん鳴いているのに出会いました。

ツシマフトギス　*Paratlanticus tsushimensis* 　　　Disc 1-46, 2-06, 07

　体は太く，翅は短い。全身褐色で腹部両側が緑色になることがある。体長約33 mm。林縁の低木上や草むらにすむ。成虫は初夏に多い。対馬に分布する。

Ⅱ. 森林の部

ツシマフトギス♂　　　　　　　　　ツシマフトギス♀

[Disc2-08] 対馬のハタケノウマオイ

2012年10月6日19時，長崎県対馬厳原。収録時間60秒。

ハタケノウマオイ「ズウィ　チョ」，アオマツムシ「リィー　リィー」

ハタケノウマオイは姿のそっくりなハヤシノウマオイと異なり，ごく短い鳴き声です。名前のとおり，ハヤシノウマオイが森林性なのに対して，ハタケノウマオイは草原に好んですみます。ところが，対馬ではハヤシノウマオイがいなくて，ハタケノウマオイが森林にもすんでいます。温暖な地方の島嶼ではこのような傾向があるように思います。対馬の山地の照葉樹林で，森にすむハタケノウマオイを録音しました。

フィールド紹介・対馬

対馬は海峡にうかぶ小さな島ですが，日本列島の生物相の大陸との関係を考える上で，非常に重要な地域です。鳴く虫やその仲間にも，対馬にしか見られない種が多数あり，調査や取材に何度か対馬に足を運びました。よく知られた特産種以外にも，おもしろい生き物がいっぱいいます。普通種でも対馬における生息状況は重要な情報ですから，対馬に行く機会があれば，よくばってあれもこれも探します。し

対馬にしかいないシリアゲフキバッタ

かし，そんな理屈ぬきに，対馬はとてもいいところなので，何度でも行きたくなります。照葉樹の原生林，のんびりとした田畑や里山，きれいな海においしい魚。

[Disc2-09] 前奏の長いセスジツユムシ

2012年10月6日19時，長崎県対馬厳原。収録時間80秒。

セスジツユムシ「チッ　チッ　チッ　チッ　チッチチーチチー」，アオマツムシ「リー　リー」，クマスズムシ「ネネネネ」，クツワムシ「ガシャガシャ」

セスジツユムシは鳴き始めに短い前奏をくりかえして，最後にチチーともりあがって鳴きおわります。ときに前奏部分が延々と長くて，いったい何が鳴いているのやらと思っているとチチーとつづいて，ああセスジツユムシだったのかと思うこともあります。録音は対馬の照葉樹林にて。森林周辺を好む鳴く虫がたくさんいます。

セスジツユムシ　*Ducetia japonica*　　　　　　　　Disc 1-08, 2-09, 78

緑色型と褐色型がある。背中はオスでは茶褐色，メスでは黄褐色。体長18〜22 mm。本州では秋に成虫，沖縄では6月と10月ごろ成虫。林縁のマント群落に普通。本州，四国，九州，佐渡島，伊豆諸島，対馬，南西諸島に分布する。

セスジツユムシ♂　　　　　　　　　　　セスジツユムシ♀

[Disc2-10] 森で鳴くスズムシ

2012年10月6日18時，長崎県対馬厳原。収録時間60秒。

スズムシ「リイーン」，カネタタキ「チン　チン」，アオマツムシ「リーリー」，クサヒバリ「フィリリリ」

　照葉樹林周辺のやぶでスズムシが鳴いています。スズムシは日本では最も親しまれている鳴く虫です。飼育してその鳴き声を楽しんでいる方も多いと思いますが，野外で聞くのもいいものです。林のまわりやよく茂った草原で鳴き声を聞くことができます。踏み込むのがためらわれるようなやぶに多いので，その姿を見つけるのはたいへん難しいです。周囲では，いろいろな鳴く虫の音が小さく入っています。

[Disc2-11] 集まって鳴くヒメクダマキモドキ

2013年10月9日18時，大阪府岬町多奈川。収録時間30秒。

ヒメクダマキモドキ「ピッ　ピッ」，クサヒバリ「ビリリリリリ」，アオマツムシ「リイー」，カネタタキ「チン　チン」，ツクツクボウシ(セミ)「ツクツクオーシ」

　多くの鳴く虫ではオスだけが発音するのですが，ツユムシ類ではメスも発音する種がいます。なかでもヒメクダマキモドキはメスがよく鳴く種類で，夕暮れのころにオスとメスが集まって鳴き交わします。メスの鳴き声のほうが聞き取りやすく，プチッとはじくような音を出します。オスはシュッという声で鳴くらしいのですが，残念ながら私の耳では聞こえません。録音は海岸べりの照葉樹林で，アカメガシワの樹上に多数集まってさかんに鳴いているところです。聞こえますでしょうか。

ヒメクダマキモドキ　*Phaulula macilenta*　　　Disc 2-11

　ダイトウクダマキモドキに似るが，やや小型で，産卵器はそれほど弧状にならない。体長19〜23 mm。本州では秋に成虫。海岸の広葉樹の樹上に多いが，最近は都市公園などの緑地でもよく見られる。本州(房総半島以西)，四国，九州，伊豆諸島，小笠原諸島，対馬，薩南諸島，南西諸島に分布する。南西諸島では少ない。

ヒメクダマキモドキの多いアカメガシワ

ヒメクダマキモドキ♂　　　　　　　ヒメクダマキモドキ♀

[Disc2-12] ウバメガシ林のヤマトヒバリとクチキコオロギ

2012年7月24日2時，高知県土佐清水市，収録時間60秒。

ヤマトヒバリ「リィ　リーリー」，クチキコオロギ「ギュイー」

　足摺半島に近い海岸ぞいにタイワンクダマキモドキを探しに行った道すがら，照葉樹林の低木でヤマトヒバリがさかんに鳴いていました。長く鳴いたり，短く切って鳴いたりを不規則に切り替えます。なにか気分しだいでテン

ポを変える即興のようなおもしろい鳴き方です。本州中部ではヤマトヒバリは秋に成虫になりますが，高知の海岸近くでは初夏のころから多く見られます。林内のウバメガシの樹上ではクチキコオロギの声が聞こえます。クチキコオロギには特に決まった成虫の時期がなく，いつも鳴き声の聞こえる昆虫です。タイワンクダマキモドキは，ツユムシの仲間では日本最大種ですが，たいへん珍しいもので，日本ではメスしか見つかっていない謎の昆虫です。詳しい生態も不明で，鳴き声はわかっていません。

タイワンクダマキモドキ

ヤマトヒバリ　*Homoeoxipha obliterata*　　Disc 2-12, 33, 72

　頭部と胸部は黒褐色から赤褐色。後腿節は淡黄色で外側に暗色条がひとつある。体長♂ 6.2〜6.4 mm，♀ 5.6〜6.1 mm。低木などの樹上にすむ。秋に成虫。暖地では2化して初夏から秋に成虫。本州，四国，九州，屋久島，奄美大島，沖縄島に分布する。

ヤマトヒバリ♂　　　　　　　　　ヤマトヒバリ♀

野山歩きの道具

　録音や撮影のための機材のほかに，野山を歩くために必要なものはいろいろあります。その一部をご紹介。

［長靴］　膝下くらいまでの長さのごく普通の長靴ですが，折りたたんでカバンにしまうためにややわらかい素材のものを使います。山林に入るときのみならず，ちょっとした草むらを歩くときにも，だいたいいつも長靴を履いています。現場に着いて長靴に履き替えれば，なぜか俄然やる気がわいてきます。条件反射みたいなものでしょうか。

［懐中電灯］　夜はこれがないと，何もできません。昼だけで帰るつもりのときでも，フィールドに出れば夜まで粘りたくなるもの。常にもっていきます。現在のお気に入りは，自転車用のLED灯です。両手で作業するときには，頭部に取り付けるヘッドライトも必要です。ヘッドライトをメインにすると，光の向けるのに首を動かさないといけないので，疲れてしまいます。メインライトは手にもち，サブでヘッドライトを使用します。

［虫よけ］　吸血性昆虫にたかられるのをいちいち気にしていては，山歩きはできないのですが，カやアブにあまりうろうろされると集中できないのも確かです。そこで，虫よけを使います。最近よく使うのは，北海道のみやげもの屋さんで買った「ハッカ油」です。少量で虫よけ効果は絶大。近年増えてきたヤマビルにもよく効きます。ミントの香りを漂わせながら歩いていますよ。

［日焼け止め］　日焼けを甘く見てはいけません。肌が黒くなるのは気にしませんが，日焼けをすると全身がとても疲れるのです。あまり暑くない春先などは要注意。一日快適に歩いたつもりでも，実はけっこう日焼けしていて，そのつけはあとからやってきます。日焼けのために，立てなくなるほど疲労して寝込んでしまったことが何度かあります。

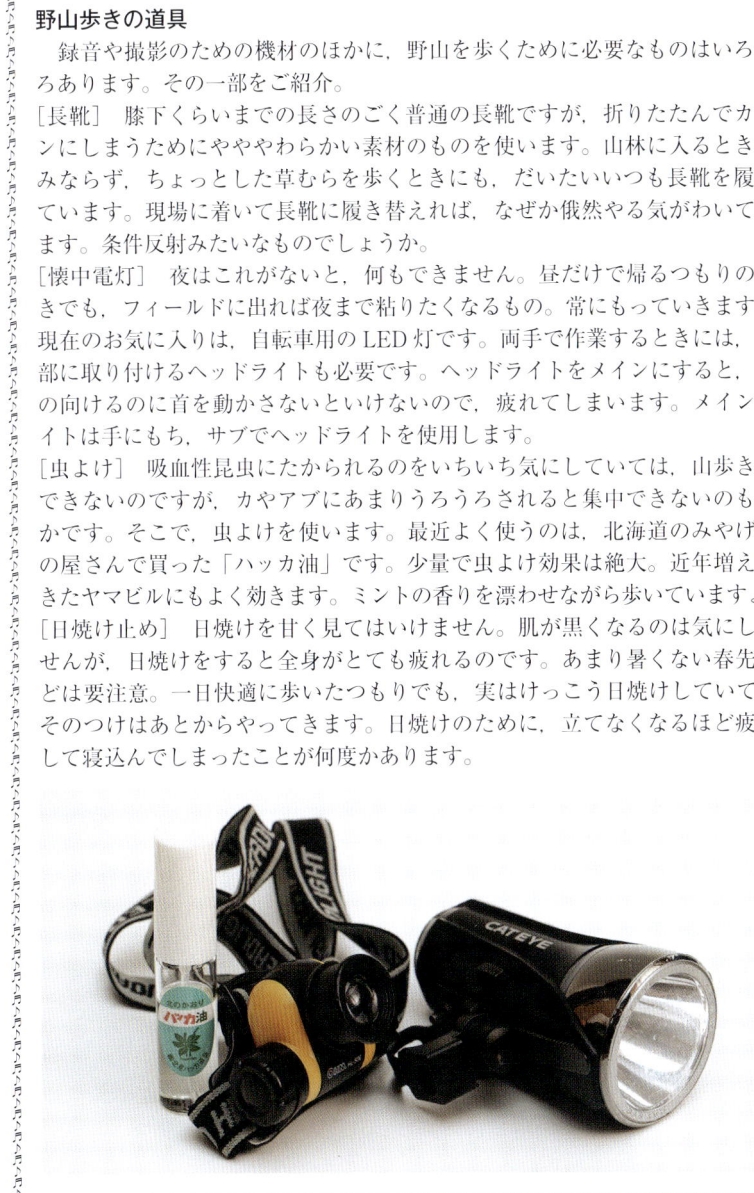

里と里山

　里山は、人里近くにあって人間が薪や芝などを利用することによりできた林です。西日本の低山地では、クヌギやコナラ、アカマツなどの明るい雑木林であることが多く、鬱蒼とした原生林よりも多くの鳴く虫が見られます。特に、林と草地が接するところ、「林縁」と呼ばれるあたりでは、草本や樹木、蔓植物など、高さの異なるさまざまな植物群落があり、昆虫の種類も多い環境です。西日本の里山や、人家周辺の木立から聞こえる虫しぐれを集めました。

林縁の草むら

[Disc2-13] クツワムシのにぎやかな夜

2011年8月17日20時，京都府舞鶴市五老岳。収録時間60秒。

クツワムシ「ガシャガシャガシャ」

雑木林の縁のやぶでクツワムシが鳴いています。クツワムシは草原にもいますが，多少なりとも森林っぽい深いやぶによく見られます。鳴くのは夜。明るいときにはまず鳴きません。鳴き声は大音響で，少し離れて聞けばそれなりのふぜいがなくもないですが，近づくと本当にやかましいです。晩夏の夜をにぎやかにする鳴く虫です。

クツワムシ　*Mecopoda niponensis* 　　　　Disc 1-11, 2-09, 13, 22

大型の鳴く虫で，緑色型と褐色型がある。オスの翅は幅が広くて丸い。産卵器はタイワンクツワムシよりまっすぐ。体長33〜35 mm。秋に成虫。林縁や丈の高い草原にすむ。本州，四国，九州，対馬，隠岐に分布する。

鳴くクツワムシ♂　　　　　　　　　　クツワムシ♀

[Disc2-14] 夏の雑木林で

2012年8月17日22時，兵庫県篠山市篭坊温泉。収録時間30秒。

ヤブキリ「シキシキシキシキ」，ハヤシノウマオイ「スイー　チョ」

近畿地方の低山の雑木林では，夏の夜にはヤブキリとハヤシノウマオイの声がよく聞こえます。どちらもやや早い時期に多い鳴く虫です。出始めのコオロギの声がすることはあるけれど，たくさんいるはずのアオマツムシはま

だ鳴き始めていない，そんな晩夏の里山の虫しぐれです。

[Disc2-15] 晩夏の里山の虫しぐれ

2012年8月17日21時，兵庫県篠山市篭坊温泉。収録時間60秒。

ハヤシノウマオイ「ツイー　チョ」，エンマコオロギ「フィリリリリー」，カンタン「ルルルル」，ヤブキリ「ジリリリリ」，ハラオカメコオロギ「リリリリリ」

里山の雑木林にかこまれた山あいの小さなススキの草原で，晩夏の夜に。ハヤシノウマオイやヤブキリのような夏の鳴く虫と，エンマコオロギやカンタンのような秋の鳴く虫がかさなりあって，にぎやかな虫しぐれです。ハヤシノウマオイは，お盆をすぎたころの雑木林では最も存在感のある鳴く虫です。

[Disc2-16] 雑木林のハヤシノウマオイ

2011年9月1日20時，兵庫県川西市一庫ダム。収録時間30秒。

ハヤシノウマオイ「ツイヤー　ツイヤー」，アオマツムシ「リーリーリーリー」

鳴く虫の声はおもにオスがメスを呼んで交尾をするためのものです。多くの種がいっしょにいても，同じ種類を見分けることができるのは，それぞれの種類が特有の鳴き声をもっているためと考えられています。したがって，鳴き声が明確に異なれば，見た目がそっくりでも別の種と考えられます。ハヤシノウマオイとハタケノウマオイはその好例で，ハヤシノウマオイは「スイーッチョン」と長く引っぱって鳴くのに対し，ハタケノウマオイは「シッチョ」と短く縮めたような鳴き方で明らかに異なり，形態はそっくりですが別種とされています。鳴き声を聞かなければ名前を調べるのが難しいのが少しやっかいですが。ハヤシノウマオイは名前のとおり森林を好むウマオイです。録音は里山の雑木林にて。

フィールド紹介・舞鶴

　京都府北部の舞鶴市周辺の山林は，対馬暖流の影響をうけた照葉樹林や里山の雑木林がひろがります。一見したところでは平凡な林のようでいて，意外にも山地性の生物がまじって見つかることがあり，おもしろいところです。山をおりれば，海岸の生き物も観察できます。鳴く虫の仲間では，ナギサスズの類が海岸の岩場などによく見られます。筆者の自宅からは比較的気軽に行けるため，しばしば訪れています。行き帰りに「道の駅」で野菜を買い，舞鶴市内のスーパーで魚を買って帰ります。フィールドに行くんだか，晩ごはんのお買い物に行くんだか。

舞鶴の雑木林で見つけたイワカガミ　　海岸にすむナギサスズ

ハヤシノウマオイ　Hexacentrus hareyamai　Disc1-07, 12, 20, 2-01, 14, 15, 16, 17, 35, 37

　ハタケノウマオイによく似ているが，鳴き声で区別される。オスの発音器の鏡部左側の黒条が少し発達する。メスの外見では区別しがたい。体長28〜30 mm。おもに森林付近の低木や草地に普通。夏から秋に成虫。本州，四国，九州，薩南諸島などに分布する。

Ⅱ. 森林の部

鳴くハヤシノウマオイ♂　　　　　　　ハヤシノウマオイ♀

[Disc2-17] 短く鳴くヤブキリ

2011年8月23日20時，兵庫県猪名川町西軽井沢。収録時間30秒。

ヤブキリ「シッ　シッ　シッ　シッ」，ハヤシノウマオイ「スイー　チョ」

山すそのコナラ林でヤブキリが鳴いています。ヤブキリにはさまざまな鳴き方のタイプが知られていますが，ここではごく短い声をくりかえして鳴いています。2個体が鳴いているので，ちょっと重なる部分もあってややわかりにくいですが，規則的な間隔で鳴きつづけています。連続して鳴くヤブキリとは異なるようにも思えるのですが，この鳴き声の間隔がつまってくると，「シリシリシリ」と聞こえる連続音につながってくるようでもあり，悩ましいヤブキリの分類を改めて考えさせられます。

[Disc2-18] 林道の草間にキンヒバリ

2012年7月2日19時，兵庫県篠山市篭坊温泉。収録時間30秒。

キンヒバリ「リッリッリッリッリー」

スギの植林のなか，谷を通る林道ぞいに小さな空き地があり，ススキの草地になっています。その草間でキンヒバリが鳴いていました。背景に渓流の水音が入ります。キンヒバリは涼やかな音色にテンポに変化のある独特の節回しで，美しい虫の音のひとつです。初夏のころに湿った草地でよく鳴いていますが，たくさんのキンヒバリが集団で鳴いているとテンポのおもしろみがわかりにくく，単独で鳴いている方が味わい深いように思います。

キンヒバリ　*Natula matsuurai*　　　　　　　　　　　Disc 2-18, 74

　小さな淡褐色のヒバリモドキ類。カヤヒバリによく似るが，鳴き声が異なる。体長♂ 6.0〜7.1 mm，♀ 4.9〜6.7 mm。草深い湿地に多い。本州ではおもに幼虫越冬で初夏に成虫が多い。南西諸島では周年成虫。本州，四国，九州，屋久島，トカラ列島，奄美大島，徳之島，伊平屋島，沖縄島，久米島に分布する。

キンヒバリ♂　　　　　　　　　　　　　キンヒバリ♀

［Disc2-19］コナラ林のヤマクダマキモドキ

　2013年10月11日21時，兵庫県川西市笹部。録音時間15秒。

　ヤマクダマキモドキ「ピンピンピンピン」，モリオカメコオロギ「リーリリリリ」，アオマツムシ「リィーリィーリィー」

　中秋のコナラ林で，モリオカメコオロギやアオマツムシがよく鳴いていますが，樹上からヤマクダマキモドキが一声。ヤマクダマキモドキをねらって録音したのですが，あまり大きな声ではない上に，たまにしか鳴きませんから，うまく録音するにはずいぶん苦労しました。

ヤマクダマキモドキ　*Holochlora longifissa*　　　　Disc 2-19

　大型のツユムシ類。サトクダマキモドキに似るが，前腿節は赤褐色で，オスの尾端や産卵器の形態が異なる。体長28〜32 mm。秋に成虫。サトクダマキモドキよりも山地にすむ傾向があるが海岸付近にいることもある。広葉

樹の樹上にすむ。本州(中南部)，四国，九州，佐渡島，対馬に分布する。

ヤマクダマキモドキ♂　　　　　ヤマクダマキモドキ♀

フィールド紹介・笹部

　大阪府北部から兵庫県東部にまたがる北摂地域は，筆者の地元ですから，最もなじみのフィールドです。都市近郊で，かつてに比べるとずいぶん開けてしまいましたが，里山のクヌギ林や田畑の周辺には今でも鳴く虫が豊富です。車などの騒音が多くて，録音するにはやや厳しいのですが，こまめに探せば静かな場所もけっこうあるものです。自宅から最寄りの能勢電鉄笹部駅まで行くのに，コナラ林のなかや田畑の近くを通ります。季節になればカバンに録音機を入れておき，通勤の帰りに録音しています。車はほとんど通らないいいところなのですが，線路には近いので，電車の運行をみはからい，そのあいまにうまく録音機を回します。

笹部の雑木林

[Disc2-20] クマスズムシとモリオカメコオロギ

2011年10月7日21時，兵庫県川西市笹部。収録時間68秒。

クマスズムシ「ズウィ　ズウィ　ジ　ジジネネネネ」，モリオカメコオロギ「リー　リ　リ　リ」

　少し開けたコナラ林，秋が深まって少し冷え込んできたころ。夜更けの林床ではクマスズムシの鳴き声がよく聞こえます。鳴き始めは低く断続的なつぶやきのように始まり，しだいに高音の連続音となって突然鳴きやみます。余韻にモリオカメコオロギの間延びした声が。クマスズムシは，しばしの沈黙のあと，おもむろにズイ，ズイと再び鳴き始めます。オカメコオロギ類は姿や鳴き声がよく似ていて見分けるのが難しいですが，モリオカメコオロギはほかのオカメコオロギよりも少しゆっくり鳴き，鳴き始めの一声がやや長めになる傾向があります。

クマスズムシ♂　　　　　　　　　　　　クマスズムシ♀

クマスズムシ　*Sclerogryllus punctatus*　　Disc 2-09, 20, 59

体は黒く，肢の先半分が黄褐色。触角のなかほどに白い部分がある。オスの前翅は幅広く，ややスズムシに似た体型。体長♂10～13 mm，♀11～12 mm。林の近くの草地に多い。秋に成虫。本州，四国，九州，対馬，八丈島，南西諸島（沖縄島以北）に分布する。

モリオカメコオロギ　*Loxoblemmus sylvestris*　Disc 1-07, 13, 2-19, 20, 34, 49

ほかのオカメコオロギ類によく似るが，鳴き声が異なる。オスの前翅の端部網状部はやや長く，腹面がやや赤みをおびる。体長♂約15 mm，♀12～16 mm。林内や林縁の地表に普通。秋に成虫。本州，四国，九州，対馬，屋久島に分布する。

モリオカメコオロギ♂　　　　　　　　モリオカメコオロギ♀

[Disc2-21]　クヌギ林のヒメスズ

2011年9月1日16時，大阪府豊能町初谷。収録時間30秒。

ヒメスズ「ビー　ビー」，ツクツクボウシ（セミ）「オーシ　ツクツク」

初谷は大阪近郊では名だたる昆虫採集の名所です。里山のクヌギ林がひろがり，かつては蝶や甲虫がものすごくたくさんいたそうですが，最近ではさすがに往年のような虫の気配はうすくなっています。それでも，気軽に自然観察のできる貴重な場所であることには変わりありません。ヒメスズは照葉

樹林やよく茂った落葉樹林にすむ森のコオロギ。初谷のクヌギ林で落ち葉のあいだから控えめな鳴き声が聞こえました。林冠からはツクツクボウシがにぎやかです。

ヒメスズ　*Pteronemobius nigrescens*　　Disc 2-21

　体は黒褐色で，光沢が強い。小顎髭は白い。体長♂ 5.5〜5.7 mm，♀ 5.3〜6.2 mm。森林の薄暗い林床で落葉のたまった地表にすむ。本州では秋に成虫。本州，四国，九州，小笠原諸島？，壱岐，奄美大島，沖縄島，西表島に分布する。

ヒメスズ♂　　　　　　　　　ヒメスズ♀

［Disc2-22］晩秋のクツワムシ

　2011年10月19日20時，兵庫県川西市大和。収録時間30秒。

　クツワムシ「ガシャ　ガシャ」

　クツワムシは比較的早い時期の鳴く虫です。8月のお盆のころから鳴き始めて，10月に入ると姿を消してゆきます。10月もなかばをすぎた雑木林で終盤を迎えたクツワムシが鳴いていました。夜になると冷え込んでくるころ。クツワムシらしい勢いがなく，ゆっくりと弱々しい鳴き声でした。

［Disc2-23］林道の茂みでクサヒバリ

　2012年10月6日15時，長崎県対馬内山峠。収録時間30秒。

クサヒバリ「フィリリリリ」，エンマコオロギ「コロコロリー」，オナガササキリ「ジー　ジー」

　クサヒバリは涼やかな美しい声で親しまれている鳴く虫のひとつです。昼間からよく鳴くので，気軽にその声を楽しむことができます。ところが，よく茂った低木の上にすみ，姿を見るのは容易ではありません。無理してやぶをかき分けたりせずに，のんびり声だけ聞いていたほうがいいのかもしれません。

クサヒバリ　*Svistella bifasciata*　Disc 1-19, 21, 2-10, 11, 23, 30

　麦わら色で，後腿節に 2 本の黒条がある。体長 ♂ 7.5 mm，♀ 6.9〜8.0 mm。林縁の低木ややぶに普通。鳴き声はヒゲシロスズに似ているが，より金属的な響きが強い。秋に成虫。本州，四国，九州，南西諸島に分布する。

クサヒバリ♂　　　　　　　　　　　　　クサヒバリ♀

[Disc2-24] 対馬のウスリーヤブキリ

　2012 年 7 月 18 日 19 時，長崎県対馬豆酘。収録時間 60 秒。

ウスリーヤブキリ「シュルルル」

　本書では，日本のヤブキリを 4 種としています。このうちウスリーヤブキリは最も珍しい種で，中国大陸ではひろく分布しますが，日本では対馬の南端にだけ見られます。対馬の昆虫に特徴的な大陸系の鳴く虫です。薄暮のころ，雑木林の林縁でウスリーヤブキリが鳴いていました。軽めの音色で少し

長く連続して鳴きます。前翅が丸っこいのも特徴です。初めて見たときには，「うひゃあ，まるい」とつい叫んでしまいました。

ウスリーヤブキリ　*Tettigonia ussuriana*　　Disc 2-24

　ヤマヤブキリに似て翅の幅が広くて丸みがあり，区切らずに連続して鳴く。体長♂31〜38 mm，♀35〜42 mm。林縁やブッシュにすみ，6〜10月に成虫。対馬南部に分布する。

ウスリーヤブキリ♂ 　　　　　　　　　ウスリーヤブキリ♀

[Disc2-25] 公園のクチナガコオロギ

　2011年9月28日22時，兵庫県明石市。収録時間60秒。
　クチナガコオロギ「フィリ　フィリ」
　クチナガコオロギはオスの大顎が長大に発達したごつい顔のコオロギですが，鳴き声は微妙なゆらぎをおびたやわらかい音色で，落ち着いた美声です。公園や墓地など草がほとんど生えていない裸地によく見られますが，やや局所的で，どこにでもいるコオロギではありません。録音は公園の石垣のすきまで鳴いているところを取りました。夜が更けて，アオマツムシが鳴きやんだところでクチナガコオロギのソロをねらいました。

クチナガコオロギ　*Velarifictorus aspersus*　　Disc 2-25

　オスの顎が大きく発達し，口が長く見える。メスはツヅレサセコオロギに

町の鳴く虫

　都会では自然は少ないのですが，よく探してみると，意外と多くの虫が見つかります。公園や人家の庭，空き地のちょっとした雑草地にも，鳴く虫はすんでいます。最近では，都市公園の樹木が育ってきて，立派な森林になっているところもあり，樹上性の鳴く虫も都会で見られることが多くなりました。

都市公園

よく似るが，産卵器がより短く，後頭部が黄色っぽい。体長♂約 17 mm，♀約 18 mm。丘陵部の疎林などでよく見つかる。秋に成虫。本州南部，四国，九州に分布する。

[Disc2-26] アオマツムシの合唱
　2012 年 10 月 2 日 20 時，兵庫県川西市笹部。収録時間 55 秒。
アオマツムシ「リィーリィーリィー」

クチナガコオロギ♂ 　　　　　　　　　クチナガコオロギ♀

　アオマツムシは明治のころに渡来した外来昆虫で，初めのころは都市周辺にかぎって見られましたが，いつのまにか山にも町にもどこにでもいる鳴く虫になりました。美声ではありますが，多数が大きな声でわんわん鳴くので，うるさく感じる人もいるでしょう。ところが最近では大阪の都市公園などではひところよりも数が少なくなっているように思います。郊外ではまだいっぱいいて，減ったようには感じません。録音は山すその人家の植木にて。

アオマツムシ　*Truljalia hibinonis* 　Disc 1-06, 18, 2-08, 09, 10, 11, 16, 19, 26, 27, 32, 49

　成虫は鮮緑色で，オスの発音器は褐色。若い幼虫は茶褐色。体長21〜23mm。樹上性で，市街地や明るい二次林に普通。秋に成虫。現在のところ，

アオマツムシ♂ 　　　　　　　　　　アオマツムシ♀

> **時代劇のアオマツムシ**
> 　テレビのドラマなどでの効果音に虫の声が使われることがときどきあります。番組の制作では、ロケで収録時に鳴いていた虫の声がそのまま流れることはたぶんほとんどなくて、あとから別の音源をあわせるのでしょう。まれに、季節や地域をあまり考えていない音が使われていて、ついテレビに向かって「それは違う！」と突っ込んでしまいます。最もよくあるのが、江戸時代の時代劇にアオマツムシが鳴いているパターン。アオマツムシは明治時代に海外から渡来したと考えられている帰化昆虫ですから、江戸時代には鳴いていないはずなのです。

本州(岩手以南), 四国, 九州, 隠岐, 五島列島に分布する。

[Disc2-27] 植木の鳴く虫

2011年8月27日1時, 兵庫県川西市大和。収録時間30秒。

カネタタキ「チン　チン」, アオマツムシ「リィーリィーリィー」

　晩夏の庭先で, 夜半にハクモクレンの樹の上でカネタタキが鳴き, アオマツムシも鳴き始めました。人家の庭では, アオマツムシやカネタタキのような樹上性の鳴く虫がよく見られます。鳴く虫がすむ植物の茂みは地上よりも樹の上に多いからでしょうか。鳴かないのでなじみが薄いのですが, ウスグモスズという小さなコオロギも庭の植木によくすんでいます。

ウスグモスズ♀

[Disc2-28] カネタタキのお客様

2012年9月22日15時, 兵庫県川西市大和。収録時間30秒。

カネタタキ「チン　チン　チン」

　カネタタキは, 本来は樹上にすむ鳴く虫ですが, よく屋内に入ってきて, 部屋のなかで鳴き声が聞こえます。いくぶん古いわが家にはすきまが多いのか, 秋になるといつも数匹のカネタタキがうろうろしています。居間の天井

で1匹のカネタタキが鳴き始めました。部屋のなかでは，小さなカネタタキの声も，意外と大きく聞こえます。

カネタタキ　*Ornebius kanetataki*　　Disc 2-10, 11, 27, 28, 29, 83, 87, 88

体は灰褐色の鱗片に覆われる。オスの前胸背後縁に細い白帯があり，翅は黒褐色。メスには翅がない。体長7～11 mm。樹上性で，林縁や人家の生垣などに普通。本州では秋に成虫，南西諸島では周年成虫。本州，四国，九州，伊豆諸島，小笠原諸島，対馬，南西諸島に分布する。

カネタタキ♂　　　　　　　　　カネタタキ♀

[Disc2-29] カネタタキとツクツクボウシ

2013年9月13日16時，兵庫県川西市大和，収録時間43秒。

カネタタキ「チン　チン　チン」，ツクツクボウシ(セミ)「ジューツクツクオーシ」

陽が傾きかけた秋の日。庭先の植木ではカネタタキがちらほら鳴き，ツクツクボウシが鳴き始めます。カネタタキは身近なところに普通にいて，明るいうちからよく鳴くので，最も親しみ深い鳴く虫のひとつです。ツクツクボウシは都会ではずいぶん少なくなりましたが，郊外では家のまわりでもよく聞く親しみ深い秋のセミです。カネタタキとツクツクボウシの組み合わせは，おだやかな秋の昼下がりを思い起こさせる虫しぐれです。

カネタタキと鳴く虫の観察会

　小学生のころ，大阪市立自然史博物館主催の鳴く虫観察会に参加して，大阪の郊外へ出かけました。そこで，カネタタキの声を教えてもらいました。当時は町中にすんでいたので，それまでカネタタキの声を知りませんでした。初めて聞くカネタタキの声。これがカネタタキか。

　さてその翌日，いつものように学校に行き，いつも近くを通っている校庭の植え込みに通りかかったところ，カネタタキがいっぱい鳴いているではありませんか。それまで知らなかったから気づかなかっただけなのでした。このことは，鳴き声に関心をもち始めた大きなきっかけとなるできごとでした。

立ち止まって見えるもの

　録音機をセットして録音ボタンを押したあと，録音中は余計な音をたてぬよう，息を殺してじっとしていなければいけません。このあいだ，特にやることはありません。うまく鳴いてくれるように祈るくらい。周囲をなんとなく眺めてすごすのですが，このときになぜかほかの昆虫がよく見つかるのです。オサムシやセンチコガネが歩いていたり，毛虫が這っていたり。何気ない草むらなのに，こんなに虫がいるのかと感心することもしばしば。がさがさと歩いていたら気づかないだけなのでしょう。録音中は虫を見つけても撮影も採集もできないので，ただ単に眺めているだけなのですけれど。

オオセンチコガネ

[Disc2-30] 宅地のまわりのクサヒバリ

　2011年10月10日12時，兵庫県川西市大和。収録時間28秒。

クサヒバリ「フィリリリリリリ」

　郊外の住宅地では，周囲の道路を散策すれば，まわりに残された山林を気

軽に観察できる場所があります。そんな住宅地のはずれで，クサヒバリが鳴き始めました。林縁の低木に多いコオロギで，道路歩きの自然観察でも声を聞けることがあります。となりのコナラ林では，季節がすすんで昼でも鳴くようになったアオマツムシやヒヨドリの声，宅地からは町の騒音が少し入ります。

ストロボ大好き

　生き物の撮影には，いつもストロボを使います。ストロボは，発光面積が小さくて点光源に近いこと，光源に近いところは明るくて遠いところは暗くなるということに留意しなければなりません。これをカバーするために，ソフトボックスを利用して発光面を大きくし，複数個のストロボを用いて光のバランスを調整しています。撮影の状況により，使用するストロボは最大4個。右手でカメラ，左手でストロボを持って撮影します。本当はあと2〜3個ストロボを増やしたい場合もあるのですが，もう手が足りません。

撮影機材一式（西表島祖納岳で休憩中のひとこま）

山の落葉樹林

　山にのぼると，標高が上がるにつれて，気候は冷涼になります。このため，少し高い山では，ブナやミズナラなどの冷涼な気候を好む落葉樹の林が見られ，珍しい昆虫がたくさんすんでいます。特に，西日本の山地では，山塊ごとに隔離されて，それぞれ異なる種が分布していることがあり，非常に興味深いところです。本州や四国で山地性の鳴く虫を集めました。

伯耆大山のブナ林

［Disc2-31］山村のエゾツユムシ
　2012年8月2日20時，新潟県入広瀬村。収録時間30秒。
　エゾツユムシ「ツーツーツーチキチ」，ヒガシキリギリス「ギィー　チョ」
　日暮れどきの山あいで，ゆっくりと車を走らせていると，エゾツユムシのプチプチという声が聞こえてきました。車を止めてあたりをうかがうと，周

囲は小さな水田のあいまに草むらが点在するような環境でした。エゾツユムシはあちこちで一生懸命に鳴いています。あいまに，ヒガシキリギリスが鳴いています。昼間にはさかんに鳴くヒガシキリギリスですが，夜はいくぶんゆっくりとのんびり鳴きます。

[Disc2-32] 前奏入りヒメクサキリ

2011年9月13日21時，富山県立山町。収録時間30秒。

ヒメクサキリ「ジ・ジ・ジ・・ジー」，アオマツムシ「リィー　リィー　リィー」，ヤブキリ「シキシキシキシキ」

ヒメクサキリはごく単調な高音で長く鳴きつづけますが，鳴き始めに数回の断続音を入れるのが特徴です。「ジー　ジー」と断続音で数回鳴き，ちょっとあいだをおいてから連続音が始まります。樹上ではアオマツムシの声が響き，少し離れてヤブキリも鳴いています。録音は立山の玄関口であるケーブルカーの駅付近。山中の落葉樹林なのですが，こんなところにもアオマツムシがいるのかと少し驚きました。

ヒメクサキリ　*Ruspolia dubia*　　　　　　　　　　Disc 1-68, 72, 2-32

クサキリによく似るが，翅端はややとがっている。体長22〜30 mm。クサキリより冷涼な地域に多く，西日本では山地性。草地にすむ。秋に成虫。北海道，本州，四国，九州，佐渡島に分布する。

鳴くヒメクサキリ♂　　　　　　　　　　ヒメクサキリ♀

前奏

　鳴き始めに少し違った調子の声になる種があります。タイワンクツワムシやヒメクサキリのように，本調子のときには連続的に鳴く種類でも，最初には断続音を数回入れるのです。そんな前奏なしに，いきなり本調子で鳴き始める種もいて，それぞれに特徴的です。ところが，たとえ普通種でも，鳴き始めから通して聞ける機会はなかなかありません。そのため，聞きなれた種でも，前奏では何が鳴いているのか，すぐには思いつかないものです。「ジッジッ…」と鳴く声を聞いて，何だっけこれ，とか思っていると「ジー」と鳴き始めて，あっ，ヒメクサキリだったか，と気づくこともしばしば。

[Disc2-33] 寸又峡の虫しぐれ

　2012年8月24日2時，静岡県寸又峡。収録時間30秒。

　ヤマトヒバリ「リー　リィリィリー」，ヤブキリ「シキシキシキ」，エンマコオロギ「フィリリリ」

スルガセモンササキリモドキ♀

　寸又峡は南アルプスの麓を大井川が深く刻んだ大渓谷。特産のスルガセモンササキリモドキなど探しつつ，夜中の林道をすすみます。周囲は深い森林で，虫の声はまばらなのですが，道ぞいに少しばかり開けた場所があり，鳴く虫が集まっていました。樹上にヤブキリ，低木にヤマトヒバリ，草地にエンマコオロギ。それぞれの植生を好む虫がまじって鳴いています。

[Disc2-34] 白州尾白沢渓谷のヒナバッタ

　2012年10月16日8時，山梨県白州町尾白沢渓谷。収録時間30秒。

　ヒナバッタ「ジャジャジャ　ジカジカ」，モリオカメコオロギ「リーリー」

　甲州尾白沢渓谷を訪れてみました。水の流れはとても豊富で，すごくきれ

いな透明度の高い渓流でした。近くにある某ウィスキー工場もこんな水を使っているのでしょうか。ひんやりした秋の朝，少し陽のさした山道わきの空き地で，ヒナバッタが元気よく鳴き始めました。背景に渓谷の水音が入ります。

ヒナバッタ　*Glyptobothrus maritimus maritimus*　Disc 1-65, 2-34

　ヒロバネヒナバッタに似るが，オスの前翅前縁はひろがらない。後翅は透明。前脚の脛節と腿節に長毛がある。体長♂ 19〜23 mm，♀ 25〜30 mm。明るい草地に普通。初夏から秋に成虫。北海道，本州，四国，九州，佐渡島，対馬に分布する。

ヒナバッタ♂　　　　　　　　　　　　ヒナバッタ♀

[Disc2-35] 立山山麓のヤブキリ

　2011年9月13日19時。富山県立山町。収録時間30秒。
　ヤブキリ「ジキジキジキジキジキ」，ハヤシノウマオイ「スィー」
　河原に生えている樹木の上でヤブキリが鳴いています。連続した鳴き声ではありますが，ひと声が認識できる程度に少しあいだのあいた鳴き方です。少し離れて，ハヤシノウマオイも鳴いています。ヤブキリは樹上性なので，観察するには苦労することが多いのですが，河原のような開けた場所の樹林では比較的その姿を見つけやすいように思います。

[Disc2-36] 紀伊山地のコズエヤブキリ

2011年8月16日22時，奈良県野迫川村荒神岳。収録時間60秒。

コズエヤブキリ「シリリ　シリリ　シリリ」

紀伊半島の山深く，深夜のスギ林の梢から，コズエヤブキリの声が聞こえてきます。ほかの鳴く虫の声はほとんどなく，ただコズエヤブキリの声だけがふりそそぎます。濃い緑の体に鮮やかな黄色や白の斑点を散らす，きわめて美しいヤブキリですが，樹上の高いところにすみ，その姿を見るのは容易ではありません。

[Disc2-37] 紀伊半島のヤブキリ

2012年8月30日23時，奈良県野迫川村。収録時間32秒。

ヤブキリ「ジリリリリリ…」，カンタン「ルルルルル…」，ハヤシノウマオイ「シィーチョ」，マダラスズ「ビー　ビー」

紀伊山地では，比較的標高の高いところには区切って鳴くコズエヤブキリがいますが，標高の低い谷筋の集落付近には長くのばして鳴くヤブキリがすんでいます。鳴き声の多様なヤブキリですが，紀伊半島のヤブキリは長鳴きのタイプが多いように思います。

[Disc2-38] 霧ヶ峰湿原のヤブキリ

2013年8月20日17時，長野県諏訪市霧ヶ峰。収録時間30秒。

ヤブキリ「シリシリシリシリシリ」，ナキイナゴ「ジャジャジャ」

夕方の霧ヶ峰高原。湿原でヤブキリが鳴いています。ヤブキリ類は樹上にすむものが多いのですが，ここでは背の低い湿原の草間からたくさん鳴いています。長く低く鳴きつづける声は「キリガミネ型」といわれるものでしょうか。本書ではヤブキリの多くの型を同じ種としてまとめていますが，森林で鳴くヤブキリとはずいぶん違った雰囲気の鳴き声を聞いていると，やっぱりちょっと別種としたくなる，そんな声です。

霧ヶ峰の湿原

[Disc2-39] 伯耆大山のヤブキリ

2013年9月5日18時，鳥取県大山。収録時間30秒。

ヤブキリ「シッ　シッ　シッ　シッ　シッ」

夕方のブナ林でヤブキリが鳴いています。このヤブキリはごく短く切りながらせわしなく鳴きつづけるタイプです。天気が崩れ始め，ブナの梢は霧でかすんできましたが，ヤブキリは元気にずっと鳴きつづけていました。風の葉擦れや，水滴が葉をたたく音が少し入っています。

[Disc2-40] 伊吹山のヤマヤブキリ

2011年8月3日19時，滋賀県米原市奥伊吹。収録時間82秒。

ヤマヤブキリ「ジリリ　ジリリ　ジリリ」，ヒグラシ(セミ)「ヒヒヒヒヒッ　ヒッ　ヒッ」

ヤマヤブキリは前翅が幅広く，丸みをおび，鳴き声は短く区切って鳴くのが特徴です。樹上よりも低木や草木などの，比較的低いところにすみます。伊吹山地を含む北近畿のものはイブキヤブキリとして別種扱いとすることもありますが，ここではヤマヤブキリに含めています。録音は山間部のスギ植

林を通る林道ぞいの低木周辺です。日暮れに近く，周囲の林ではヒグラシがさかんに鳴いています。

> **ヤブキリの分類**
> 　ヤブキリの仲間は，昔から分類学者を悩ませつづけてきました。姿はよく似ていても，鳴き声がさまざまに異なっているからです。鳴く虫にとって，鳴き声は繁殖のときに同じ仲間を識別するための重要なものですから，鳴く虫の分類では，鳴き声が異なるものどうしは別種と判断されることが多いのです。ところが，鳴き声でヤブキリを分類しようとすると，明らかに異なるものがある一方，微妙に中間的なものも多くて，すっきりと分けるのがきわめて難しいのです。まだ十分に種分化していない，途中の状態なのかもしれません。どうすればいいでしょう。違いがあるものをすべて別種とすると，際限なく種数が増えてしまい，実態にあわないでしょう。かといって，すべて同じ「ヤブキリ」1種とすると，ヤブキリの多様性を不当に無視しているように思えます。本書では，鳴き声，形態，生息環境，分布を総合的にみて，ヤブキリ類をヤブキリ，ヤマヤブキリ，コズエヤブキリ，ウスリーヤブキリの4種としています。これがはたして妥当なのかどうか，これからもまだ研究が必要でしょう。

ヤブキリ　*Tettigonia orientalis*　Disc 1-46, 2-05, 07, 14, 15, 17, 32, 33, 35, 37, 38, 39, 53

　緑色のものが多いが，褐色のものもいる。翅はヤマヤブキリやウスリーヤブキリよりも幅狭く，コズエヤブキリよりも幅広い。体長♂35〜44 mm,

ヤブキリ♂　　　　　　　　　　　　　　　　ヤブキリ♀

♀35〜41 mm。成虫はおもに樹上にすむが，若い幼虫は草地にいる。普通。鳴き声の変異がきわめて大きい。6〜10月に成虫。北海道，本州，四国，九州，対馬などに分布する。

ヤマヤブキリ　*Tettigonia yama*　　　　　　　　　　　Disc 2-40, 47

ヤブキリよりもやや小型で，翅が幅広くて丸みをおび，短く区切って鳴く。体長♂28〜34 mm，♀30〜34 mm。草原性で樹上にはあまりのぼらない。6〜10月に成虫。本州(関東から中国地方)に分布する。

ヤマヤブキリ♂ 　　　　　　　　ヤマヤブキリ♀

コズエヤブキリ♂ 　　　　　　　コズエヤブキリ♀

コズエヤブキリ　*Tettigonia tsushimensis*　　　Disc 2-06, 36, 50

翅は細長く，体色は濃い緑色に黒斑や黄斑がよく目立つ傾向がある。体長♂22〜38 mm，♀30〜42 mm。樹上の高いところにすみ，見つけにくい。短く区切って鳴く。6〜10月に成虫。本州，四国，対馬に分布する。

> **コズエヤブキリの学名**
> 　コズエヤブキリは，*Tettigonia tsushimensis* という学名が付けられています。対馬産の標本に基づいて学名が命名されたため，「対馬産のヤブキリ」という意味の学名が付けられました。コズエヤブキリは本州南部，四国，対馬に分布していて，これらの3地域のコズエヤブキリはそれぞれ別の種だとする説もあるのですが，本書ではこれらを同一種と扱ったため，本州のも四国のも「対馬の」という名を使うことになってしまいました。

[Disc2-41] 六十里越のヒメギス

2012年8月2日16時，福島県只見町。収録時間28秒。

ヒメギス「シリリリ　シリリリ」，ヒグラシ「ヒヒヒヒ，ヒ，ヒ」

六十里越の山道を登りました。おめあてはハラミドリヒメギスです。もうかなり標高が高いところまで来ているのですが，落葉樹林の林縁で鳴いているのは低地にもいるヒメギスばかりです。周囲ではときおりヒグラシが鳴きます。地球温暖化やら何やらでここのハラミドリヒメギスはもういなくなっちゃったんじゃないかと不安になりつつ，とりあえずヒメギスの録音をしました。

[Disc2-42] 六十里越峠のハラミドリヒメギス

2012年8月2日18時，福島県只見町。収録時間30秒。

ハラミドリヒメギス「シリリ　シリリ　シリリ」

ハラミドリヒメギスは北関東から東北南部にかけて，日本海側の多雪の山岳地帯にかぎってすむイブキヒメギスの一種です。名前のとおり腹部の腹面が鮮やかな緑色です。鳴き声は，ほかのイブキヒメギス類とよく似ていま

す。六十里越の峠道を登りつめ，峠の頂上まで来てようやく姿をあらわしました。落葉樹林の周辺の草地にたくさんいましたが，見られた範囲はごく狭く，存続できるか少し心配です。カラスなどの鳥の声が少し入ります。

[Disc2-43] 日高山脈日勝峠のイブキヒメギス

2013年9月10日8時，北海道日高町日勝峠。収録時間30秒。

イブキヒメギス「シリッ　シリッ　シリッ　ジリリ」

日勝峠は日高山脈をこえる峠のひとつ。その最高点はダケカンバやエゾマツなどの亜高山林にかこまれた山岳地帯です。峠の国道から分かれた山道で，林縁の草地でイブキヒメギスが鳴いていました。朝日がさし始めた山岳の美しい森林をながめながら，山にはやはりイブキヒメギスがよく似合うと思いました。

日勝峠の山岳森林

[Disc2-44] ブナ林で鳴くイブキヒメギス

2012年8月3日7時，山形県西川町。収録時間60秒。

イブキヒメギス「シリリ　シリリ　ジリリッ」

月山の山麓にはすばらしいブナ林がひろがっています。大井沢の奥にお気に入りのブナ林があり，機会があればいつも訪れます。朝のブナ林の林床でさかんにイブキヒメギスが鳴いていました。昼も夜もよく鳴くイブキヒメギスですが，朝の日が昇り始めたころに最も活動的になるような印象があります。梢ではさまざまな鳥たちもさえずっています。気持ちのよい時間をすごしました。

フィールド紹介・山形県西川町

　名峰月山の麓，寒河江川の上流域には広大なブナ林がひろがり，山村が点在します。東北地方日本海側の山地の豊かな自然を堪能できる地域です。美しいブナ林を歩くのも，山村を散策するのも，ほっとするような楽しい時間をすごすことができます。たまに，ニホンカモシカに出くわしたりして，どきどきします。月山にのぼれば，美しい高山帯の風景を堪能して，華やかなハヤチネフキバッタを観察します。

月山のハヤチネフキバッタ

西川町大井沢の集落　　　早春の山道で出会ったニホンカモシカ

[Disc2-45] 高ボッチのミヤマヒメギス

2013年8月20日7時，長野県塩尻市高ボッチ山。収録時間30秒。

ミヤマヒメギス「シリリ　シリリ　シリリ　ジリッ」

　ミヤマヒメギスは本州中部地方から北関東に分布するイブキヒメギスの仲間で，イブキヒメギス類のなかでは南方に分布する種です。それだけに，ほかのイブキヒメギス類よりも標高の高いところでよく見られる傾向があるように思います。高ボッチ山の山頂付近は広々とした草原ですが，そのまわりには冷温帯性の落葉樹林があり，少し木陰になった草むらでミヤマヒメギスがたくさん鳴いていました。

[Disc2-46] 大山のヒョウノセンヒメギス

2013年9月5日17時，鳥取県大山。収録時間30秒。

ヒョウノセンヒメギス「シリリ　シリリ　ジリッ」

　ヒョウノセンヒメギスは近畿地方から中国地方にかけて分布するイブキヒメギスの一種です。北部の山地で多くの雪が降るような地域に，ごく狭い範囲で分布しています。イブキヒメギス類は分類が難しく，ヒョウノセンヒメギスはまだ学名が付けられていません。大山山麓では比較的個体数が多く，ブナ林の周辺の草地などでよく鳴いています。

イブキヒメギスの分類

　イブキヒメギス類はブナ帯から亜高山帯あたりにすむ山地性の鳴く虫です。以前は，イブキヒメギス1種とされていましたが，各地方で微妙な分化をしているらしく，現在ではイブキヒメギスのほか，トウホクヒメギス，ミヤマヒメギス，ハラミドリヒメギス，ヒョウノセンヒメギスなど，数種に分けられています。しかし，その分類は難しく，まだ十分に整理されていません。鳴き声にも違いがあるかもしれませんが，まだほとんど検討されていません。この仲間の鳴き声は，本書でも少し収録していますが，種の分類に鳴き声を用いるには，さらに収集が必要でしょう。

イブキヒメギス　*Eobiana japonica*　　　　　　Disc 2-43, 44

　イブキヒメギス類は，ヒメギスに似るが，翅の先端が丸く，長翅型は見られない。腹側は通常黒い。メスの生殖下板先端は浅いV字型に切れ込む。体長♂ 19〜29 mm，♀ 20〜29 mm。ヒメギスよりも冷涼な地域の林縁の草地や湿地にすむ。夏から秋に成虫。北海道，本州（日本海側）に分布する。

イブキヒメギス♂と♀ 　　　　　　イブキヒメギス♂

ヒョウノセンヒメギス　*Eobiana* sp.　　　　　　Disc 2-46

　イブキヒメギス類の一種で，メスの生殖下板は長く，先端は他種より細く深く切れ込む。体長♂ 22〜23 mm，♀ 24〜26 mm。生態はイブキヒメギスに似る。夏から秋に成虫。近畿・中国地方の日本海側に分布する。

ヒョウノセンヒメギス♂ 　　　　　　ヒョウノセンヒメギス♀

山の落葉樹林

ハラミドリヒメギス　*Eobiana nagashimai* Disc 2-42

　イブキヒメギス類の一種で，腹部腹板が鮮緑色。メスの生殖下板先端は浅いV字型に切れ込む。体長♂19〜24 mm，♀21〜22 mm。8〜9月に成虫。山地の林縁草地にすむ。本州(中部，東北)に分布し，いくつかの亜種に分けられる。

ハラミドリヒメギス♂　　　　　　　ハラミドリヒメギス♀

ミヤマヒメギス　*Eobiana nippomontana* Disc 2-45

　イブキヒメギス類の一種で，メスの生殖下板先端は深くV字型に切れ込む。体の色はより黒みが少ない。体長♂20 mm，♀20〜29 mm。林縁草地にすむ。夏から秋に成虫。本州(東北・中部・関東地方の内陸山地)に分布する。

ミヤマヒメギス♂　　　　　　　ミヤマヒメギス♀

[Disc2-47] 日暮れによく鳴くエゾツユムシ

 2011年8月3日20時,滋賀県米原市奥伊吹。収録時間30秒。

 エゾツユムシ「シ　シー　シーシープチチ」,ヤマヤブキリ「シリリ　シリリ　シリリ」

 日が暮れると,スギの林でうるさいほど鳴いていたヒグラシの声もとだえ,代わってエゾツユムシが鳴き始めました。昼からずっと鳴いているヤマヤブキリも少し聞こえます。エゾツユムシはあまり目立つ鳴き声ではありませんが,テンポに変化のある独特の節回しで鳴きます。

エゾツユムシ　*Kuwayamaea sapporensis* 　　Disc 1-68, 69, 2-31, 47

 体は淡緑色。メスの後翅は前翅からほとんどはみださない。体長16〜33 mm。8月ごろに成虫。おもに山地の林縁にすむが,ときに平地の河川敷の草原にもいる。北海道,本州,四国,九州,対馬に分布する。

エゾツユムシ♂　　　　　　　　エゾツユムシ♀

[Disc2-48] 四国山地に多いホソクビツユムシ

 2013年7月9日11時,高知県いの町。収録時間25秒。

 ホソクビツユムシ「シ　シ　シチ　シチ　チー　チーッ」

 ホソクビツユムシはいわゆる冷温帯性落葉樹林にすみますが,この森林が広範囲に見られる本州中部以北では案外少なく,西日本の山地帯で多く生息します。特に四国の山地では非常に多い印象があります。真夏の暑い日に山

山の落葉樹林　　　　　　　　　141

に登り，梢からホソクビツユムシの声が聞こえてくると，涼やかな落葉樹林にやってきたと実感します。まわりでは，ウグイスなどの鳥が鳴き，ハナアブが通りすぎる音がときおり入ります。

ホソクビツユムシ　*Shirakisotima japonica*　　　Disc 1-47, 2-48

　オスは肢が長く，触角にところどころ白色部がある。メスの体は太い。体長 18〜26 mm。夏に成虫。山地性でおもにブナ帯の樹上に普通。本州，四国，九州，佐渡島，屋久島に分布する。

ホソクビツユムシ♂　　　　　　　ホソクビツユムシ♀

[Disc2-49] スギ林のヘリグロツユムシ

　2013年9月24日20時。和歌山県紀美野町牛石高原。収録時間 48 秒。

　ヘリグロツユムシ「シュリリリ」，アオマツムシ「リィーリィーリィー」，モリオカメコオロギ「リーリリリリリ」，カンタン「ルルルルル」

　紀伊山地にヘリグロツユムシの録音に行きました。高原のスギ林では，ずいぶん山の奥なのに，外来種のアオマツムシがいっぱい。そのあいまにまぎれるようにヘリグロツユムシが鳴いていました。声は比較的大きいのですが，短い一声で，かなりのあいまをあけて鳴くので，録音には苦労する種類です。収録時間中，二声入っています。

フィールド紹介・四国山地

　四国といえばササキリモドキです。山地性で，翅が短く退化して飛翔による移動ができないササキリモドキの仲間は，山また山の四国ではそれぞれの山頂付近に隔離されて多数の種に分化しています。本書にはササキリモドキは鳴き声としては登場しないのですが，『バッタ・コオロギ・キリギリス大図鑑』と『バッタ・コオロギ・キリギリス生態図鑑』の撮影では，ササキリモドキを求めて，そそり立つような四国の山岳をあっちこっち登ったりおりたり。たいへんでした。本書の取材では，さんざん通った四国の山路を改めてたどり，ササキリモドキ以外の山の鳴く虫を少しばかり録音しました。

イシヅチササキリモドキ♂ 　　　　　イヨササキリモドキ♂

オニササキリモドキ♂ 　　　　　　　サヌキササキリモドキ♂

四国のいろいろなササキリモドキ類

ヘリグロツユムシ　*Psyrana japonica* Disc 2-49

　前胸背板後縁に黒い縁取りがある。オスの前翅発音部は褐色。体長24〜

31 mm。8〜9月に成虫。広葉樹上にすむ。本州，四国，九州，隠岐，対馬，薩南諸島に分布する。

ヘリグロツユムシ♂　　　　　　　　ヘリグロツユムシ♀

[Disc2-50] 高野山のコガタカンタン

2012年8月30日21時，和歌山県高野山。収録時間60秒。

コガタカンタン「ルルルルル　ルルル　ルルルルルル」，コズエヤブキリ「シリリ　シリリ　シリリ」

コガタカンタンはカンタンによく似ていますが，鳴き声に不定期に切れ目が入ることが特徴です。生態も少し変わっていてキイチゴ類の樹上にかぎって見られます。高野山の門前町からさらに奥へすすんだ林道で，スギ林の縁にひと株のエビガライチゴがあり，その樹上にたくさんのコガタカンタンがすんでいました。周囲の林ではコズエヤブキリがたくさん鳴いています。

コガタカンタン　*Oecanthus similator*　　　　　　　　　　Disc 2-50

カンタンによく似るがやや小型で，腹は黒くない。通常淡緑色。体長11〜14 mm。山地の林縁部でキイチゴ類の樹上にすむ。秋に成虫。本州，四国，九州に分布する。

[Disc2-51] 剣山のヒロバネヒナバッタ

2012年9月24日13時，徳島県剣山見ノ越峠。収録時間79秒。

コガタカンタン♂　　　　　　　　　　コガタカンタン♀

　ヒロバネヒナバッタ「チッ　チッ　チチョ　チチョ　チーチチチチー」，エゾスズ「ビー　ビー」
　剣山見ノ越峠の剣神社の境内で，草地にヒロバネヒナバッタとエゾスズが鳴いていました。ヒロバネヒナバッタは短い断続音の前奏に始まり，しだいに複雑な声になって鳴きおわります。日本のバッタ類のなかでは最も複雑で多彩な鳴き声の持ち主です。周囲はブナ林の最上部で，少し登れば亜高山針葉樹林があらわれるような場所です。遠くで登山リフトの営業音が少し入っています。

[Disc2-52] 亜高山のヒロバネヒナバッタ
　2012 年 10 月 15 日 12 時，群馬県白根山渋峠。収録時間 56 秒。
　ヒロバネヒナバッタ「ジージジジジー　ジュリジュリ」
　渋峠の亜高山帯でヤマトコバネヒナバッタを録音したあと，少し山道をくだってみると，ヤマトコバネヒナバッタは姿を消し，やっと何か鳴いているのを見つけたと思ったらヒロバネヒナバッタでした。周囲はまだ亜高山性の針葉樹林で，低山に多いヒロバネヒナバッタがいるとは驚きました。どうも最近，ヒロバネヒナバッタが高標高域に侵出してきているように思います。本来の亜高山〜高山性のヒナバッタ類を席巻しないか少し心配しています。録音中に風が出て，サーッという針葉樹林の松籟が聞こえます。

ヒロバネヒナバッタ　*Stenobothrus fumatus*　　Disc 2-51, 52

オスの前翅前縁には幅広く発達した部分がある。後翅は黒灰色。前脛節・腿節に長毛がない。体長♂ 20〜24 mm，♀ 23〜28 mm。低山地の林縁の草地に普通。7〜11月に成虫。北海道(南部)，本州，四国，九州，対馬に分布する。

ヒロバネヒナバッタ♂　　　　　　　　　　ヒロバネヒナバッタ♀

[Disc2-53] もうすぐ山の冬

2011年10月4日14時，岩手県八幡平。収録時間16秒。

ヤブキリ「シキシキシキ　シキシキ」

晩秋のブナ林で，ヤブキリが鳴いていました。ダケカンバがちらほらまじるような標高の高い林で，しかも紅葉もおわりにさしかかる冬直前の時期ですから，さすがにとぎれとぎれの鳴き方ですが，少しの晴れ間をうけてがん

ばって鳴いていました。ところがこのあと天気は崩れ，吹雪となってしまいました。最後のひと鳴きだったかもしれません。

吹雪になった八幡平

なんでもさがそう

　山を歩くときには，ありとあらゆる生き物を見たいものです。虫を探しながらも，いろいろなところをきょろきょろしていると，ときおりグッとくる生き物に出会います。あるとき，虫の少なくなった秋深いブナ林を歩いていると，美しいエノキタケの一団が目にとまりました。もう大喜びで，撮影です。とても美味しそうで，持って帰りたかったのですが，そのりりしさに敬意をはらって，そのままにしておきました。

晩秋のブナ林で見つけたエノキタケ

亜熱帯の森

　奄美大島や沖縄の島々は温暖な亜熱帯的な気候で，多くの鳴く虫の仲間が生息します。山地の森林は，シイを中心とした照葉樹林で，低地の海岸林には南方系の植物が多くなります。山地の森林には固有種が非常に多く，貴重な生態系を擁しています。鳴く虫の仲間では，カマドウマやヒシバッタなど，鳴かないグループで興味深い固有種が知られています。そんな亜熱帯の森林で収録した虫の音を集めました。鳴く虫だけでなくカエルやセミ，鳥の鳴き声も亜熱帯の様相です。

八重山の森　　　　　　　　　　　沖縄北部のシイの森

[Disc2-54] 竹林の梢でズトガリクビキリ

2013年4月16日23時，鹿児島県奄美大島住用。収録時間30秒。

ズトガリクビキリ「ジッ　ジッ　ジッ　ジッ」

ズトガリクビキリはピンととんがった頭の先端といい，がっしりとした肢体といい，熱帯性昆虫の風貌をそなえた昆虫です。竹類の高い梢にすみ，その姿を見るのは容易ではありません。奄美大島南部では，林縁に竹が多く，春の夜にはズトガリクビキリの声が頭上の高いところからふりそそいできます。

[Disc2-55] カエルの合唱とズトガリクビキリ

2013年4月17日24時，鹿児島県奄美大島住用。収録時間60秒。

ズトガリクビキリ「ジッ　ジッ　ジッ　ジッ」，ハロウェルアマガエル（カエル）「ゲエ　ゲエ」，アマミアオガエル（カエル）「コロロ　コッコッコ」，リュウキュウコノハズク（鳥）「コホ　コホ」

ハロウェルアマガエル

住用川のマングローブに近い林で，ところどころにまじる竹からズトガリクビキリの声がします。マングローブは汽水の湿地ですが，たくさんのカエルがさかんに鳴いています。端のほうなのでほとんど淡水なのかもしれません。遠くでリュウキュウコノハズクも鳴き，にぎやかな夜の虫しぐれです。

ズトガリクビキリ　*Pyrgocorypha subulata*　　　Disc 2-54, 55

頭頂は鋭くとがる。体は緑色で前脚は黄色っぽい。褐色型は知られない。体長35〜39mm。リュウキュウチクなどの竹類の樹上にすむ。秋から春に成虫。奄美大島以南の南西諸島に分布する。

亜熱帯の森

ズトガリクビキリ♂　　　　　　　ズトガリクビキリ♀

[Disc2-56] 沖縄の美声種リュウキュウサワマツムシ

2011年10月20日20時，沖縄県沖縄島大宜味村。収録時間60秒。

リュウキュウサワマツムシ「ピッピッピッピッピリリー」，マダラコオロギ「シッ　シッ」，リュウキュウカネタタキ「チン　チン　チチン」

リュウキュウサワマツムシ(175頁参照)は日本の鳴く虫のなかではいちばんの美声との誉れ高き種です。鈴を鳴らすような澄んだ音色と微妙な変化のあるテンポは，たしかに美しい鳴き声です。琉球の夜の森，闇につつまれた渓流ぞいの低木上からその声は聞こえてきます。気軽に出会える鳴く虫ではありませんが，それだけに探しがいのあるものです。

[Disc2-57] リュウキュウサワマツムシとリュウキュウカジカガエル

2013年6月24日24時，沖縄県沖縄島国頭村辺野喜。収録時間90秒。

リュウキュウサワマツムシ「ピッピリリリリー」，クチキコオロギ「グリィー」，リュウキュウカジカガエル(カエル)「グルリリィ」

リュウキュウカジカガエル

フィールド紹介・奄美大島

　奄美大島の生物は非常に魅力的です。温暖な気候で，島の面積が大きく，湯湾岳をはじめとする山岳を擁することもあり，島嶼としては生物相がかなり多様です。大陸と地つづきであったころにすみついたであろう独特の固有種も数多く知られています。鳴く虫の仲間では，ヒシバッタやカマドウマの類がおもしろいです。特に，アマミコケヒシバッタは日本でいちばんかっこいいヒシバッタだと思います。夜の山歩きでは，美しいアマミイシカワガエルに見とれたり，珍しいクワガタムシを見つけたり。

アマミコケヒシバッタ

アマミミヤマクワガタ

アマミイシカワガエル

　照葉樹林のなかを流れる小さな沢でリュウキュウカジカガエルが元気に鳴いています。周囲の低木ではリュウキュウサワマツムシ(175頁参照)が美しく鳴き，林の奥からクチキコオロギの声がします。リュウキュウサワマツム

シは水にすむ昆虫ではないのですが，なぜか水の流れの近くを好み，カエルとの合唱がよく似合います。

セミとカエルと鳥

　発音する生き物はとても多いのですが，よく鳴くメンバーがそろっているグループといえば，本書で対象とした鳴く虫のほかには，鳥，セミ，カエルがあげられます。せっかく録音機をもってフィールドをうろつくからには，これらの鳴き声もコレクションしたいところ。セミとカエルは鳴く虫と同じようなセンスで録音できます。鳴いている個体はさほど動かないので，じわじわと音源との距離をつめ，録音レベルを調整しつつ録音するというやり方です。一方，鳥は少し勝手が違います。音源に近づきにくく，せっかく近づくことができても，あっさりどこかへ飛んで行ってしまいます。セミとカエルは鳴く虫のついでにそれなりの録音コレクションができそうな気がしますが，鳥の声の録音にはまだまだ修行が必要です。

[Disc2-58] やんばるの森でリュウキュウチビスズとオオシマゼミ

2011年10月20日17時，沖縄県沖縄島国頭村辺野喜。収録時間69秒。

リュウキュウチビスズ「ビィービィー」，オオシマゼミ（セミ）「カペン　カペン」，アカヒゲ（鳥）「ヒヨヒヨ　ホイホイ　ヒン」

　「やんばる」と称される沖縄島北部の山地帯。夕方のシイの森で，落ち葉のあいだからリュウキュウチビスズの小さな鳴き声が聞こえてきます。森を歩いていると，上から聞こえるオオシマゼミの合唱やアカヒゲの美しいさえずりにまぎれて，すこしばかり気づきにくいかもしれません。録音機を地表の音源にぐっと接近して設置し，リュウキュウチビスズの声を強調してみました。

オオシマゼミ

リュウキュウチビスズ　*Pteronemobius sulfurariae*　　Disc 2-58, 61, 72

　体は暗褐色で光沢がある。後腿節には不明瞭なまだら模様がある。体長♂ 6.1〜7.0 mm，♀ 6.7〜7.5 mm。林縁や湿地の地表にすみ，やや局所的。本州では秋に成虫，南西諸島では 7〜12 月に成虫。本州(新潟，関東地方)，南西諸島(トカラ列島以南)に分布する。

リュウキュウチビスズ♂　　　　　　　リュウキュウチビスズ♀

[Disc2-59] 深夜のやんばるの森で鳴くクマスズムシ

　2012 年 11 月 13 日 23 時，沖縄県沖縄島国頭村辺野喜。収録時間 48 秒。
　クマスズムシ「ズィ　ズィ　ズィネネネネネネ」，クチキコオロギ「リュイー」
　やんばるのシイの森で落ち葉のあいだからクマスズムシの声がします。本州のクマスズムシは開けた明るい林に多いのですが，沖縄島では深い森に多いような気がします。ひとしきり鳴いては，しばらく沈黙し，またおもむろに鳴き始めます。周囲の樹幹からはクチキコオロギがちらほら。いずれも深夜の森によく似合う虫の音です。

[Disc2-60] 朝の森でナツノツヅレサセコオロギ

　2013 年 6 月 24 日 8 時，沖縄県沖縄島国頭村辺野喜。収録時間 30 秒。
　ナツノツヅレサセコオロギ「リー　リー」
　朝の照葉樹林内で，たくさんのナツノツヅレサセコオロギが鳴いていまし

フィールド紹介・やんばる

　やんばるは沖縄島北部の山地帯です。琉球列島では最も多様で貴重な生物のすむ地域で，鳴く虫の仲間でもヤンバルクロギリスを筆頭に，魅力的な固有種が多数知られています。森林伐採と林道の建設で，ずいぶん開けてしまったといわれていますが，それでも山中にはそれなりにシイの原生林が残っていて，興味深い生き物に出会うことができます。鳴く虫の観察には，海岸ぞいの二次林や耕作地の周辺なども重要です。やんばるに行くと，つい山のシイ林をめざしたくなるのですが，その気持ちをぐっと抑えて，低地も歩きます。

やんばるの風景　　　　　　ヤンバルクロギリス

た。このコオロギは本州では初夏に見られるため「夏の」という名がついていますが，琉球では1年中成虫が見られます。また，本州のものよりも深い森林にすむ傾向にあり，山地のシイ林内に生息しています。

[Disc2-61] ナツノツヅレサセコオロギの求愛鳴き

2012年11月13日15時，沖縄県沖縄島国頭村与那覇岳。収録時間30秒。

ナツノツヅレサセコオロギ「リー　チョリー　チョチョリー」，リュウキュウチビスズ「ビー　ビー」

やんばるのシイ林，地表の落ち葉の隙間でナツノツヅレサセコオロギが「求愛鳴き」で鳴いています。これはメスが近くにいるときの鳴き方で，「リー　リー」という通常の鳴き方はメスが近くにいないときの「呼び鳴き」です。ツヅレサセコオロギ類では両者が大きく異なります。このナツノツヅレサセコオロギにも近くにメスがいるのでしょう。周囲ではリュウキュウチビスズが多数鳴いています。

ナツノツヅレサセコオロギ　*Velarifictorus grylloides* Disc 1-54, 2-04, 05, 07, 60, 61, 68, 82, 83, 84, 85, 86

ツヅレサセコオロギにきわめてよく似るが，交尾器や出現期が異なる。体長♂15〜16 mm，♀17〜18 mm。本州では幼虫越冬で初夏に成虫が出る。南西諸島では周年発生。本州，四国，九州，南西諸島に分布する。

ナツノツヅレサセコオロギ♂　　　　ナツノツヅレサセコオロギ♀

[Disc2-62] 沖縄のツユムシ類の虫しぐれ

2013年6月24日21時，沖縄県沖縄島国頭村辺野喜。収録時間60秒。

サキオレツユムシ「チチチッ」，オキナワヘリグロツユムシ「シュルル

亜熱帯の森

ル」，クチキコオロギ「リィー」

　初夏のやんばるは鳴く虫の多い季節です。照葉樹林では特に大型のツユムシ類が豊富で，日が暮れると多数の個体が鳴き始めます。オキナワヘリグロツユムシはあまり大きな声ではありませんが，特に個体数が多く，樹上のあちこちから鳴き声が聞こえます。よく似たサキオレツユムシは鳴き声が大きく異なり，鋭くよく通る声で鳴きます。ナカオレツユムシもたくさん鳴いているはずなのですが，シリリリというかすかな声で鳴くため，録音にはうまく入りませんでした。

オキナワヘリグロツユムシ　*Psyrana ryukyuensis*　　Disc 2-62, 64

　ヘリグロツユムシの仲間で，オスの尾肢は分枝が細長く，大きく開く。体長43〜47 mm。5〜7月に成虫。照葉樹の樹上や低木上にすみ，個体数は多い。沖永良部島，沖縄島，渡嘉敷島，久米島に分布する。

オキナワヘリグロツユムシ♂ 　　　　オキナワヘリグロツユムシ♀

サキオレツユムシ　*Isopsera sulcata*　　Disc 2-62

　オスの尾肢は分枝せず，先端付近で内側に曲がる。メスの産卵器は短い。体長20〜26 mm。4〜7月に成虫。樹上にすみ，灯火によく来る。南西諸島に分布する。

サキオレツユムシ♂    サキオレツユムシ♀

ナカオレツユムシ　Isopsera denticulata　　鳴き声は未収録（Disc 2-62 参照）

オスの尾肢は分枝せず，全体が弧状に内側へ曲がる。メスの産卵器は長い。体長23～29 mm。5～8月に成虫。樹上にすみ灯火に来る。南西諸島に分布する。

ナカオレツユムシ♂    ナカオレツユムシ褐色型の♀

[Disc2-63] けっこうよく鳴くヒラタツユムシ

2013年7月23日22時，沖縄県沖縄島東村。収録時間60秒。

ヒラタツユムシ「チィーッ」，タイワンウマオイ「シッ　シッ」，アシグロウマオイ「ギュリーイー」

林縁の樹上でヒラタツユムシが鳴いています。普通はあまり頻繁には鳴か

亜熱帯の森

ないのですが，このときは比較的多く鳴き声が聞こえました。樹上で葉によく似た姿をしていて，見つけにくい昆虫です。ヒラタツユムシ科は日本ではヒラタツユムシ1種だけが分布していますが，東南アジア熱帯に多くの種があり，いずれも巧妙に植物に擬態していて，いかにも熱帯の昆虫らしい仲間です。

ヒラタツユムシ　*Togona unicolor*　　　　　　　　　　　　Disc 2-63

　体は緑色で，肢を翅の下へ隠したポーズをとり，葉に擬態する。体長27〜33 mm。夏から冬に成虫。森林の樹上にすむ。奄美大島，沖縄島，久米島，石垣島，西表島に分布する。

ヒラタツユムシ♂　　　　　　　　　　　ヒラタツユムシ♀

[Disc2-64] やんばるの林道ぞいの草むらで

　2013年7月22日20時，沖縄県沖縄島国頭村辺野喜。収録時間60秒。

　カヤヒバリ「ビー　ビー」，タイワンウマオイ「シッ　シッ」，オキナワヘリグロツユムシ「シュルル」，リュウキュウコノハズク(鳥)「コホ　コホ」

　やんばるのシイ林のなかを走る林道ぞいで，少し開けたあたりにススキやギンネムの茂った草むらがあり，いろいろな鳴く虫がにぎやかです。近くの林からは樹上性のオキナワヘリグロツユムシやリュウキュウコノハズクも聞こえます。カヤヒバリの仲間は，姿は互いによく似ていますが，鳴き声はそれぞれ特徴的です。カヤヒバリは短く切った声を単調にくりかえします。

カヤヒバリ　*Natula pallidula*　　　　　Disc 1-39, 2-64

　キンヒバリによく似るが，鳴き声とオスの交尾器で区別される。体長♂ 6.8〜7.0 mm，♀ 5.9〜7.3 mm。乾燥した草地にすむ。本州では幼虫越冬で初夏から秋に成虫。本州，四国，九州，南西諸島に分布する。

カヤヒバリ♂　　　　　　　　　カヤヒバリ♀

[Disc2-65] やんばるの林道でオナガササキリ

　2011年10月20日16時，沖縄県沖縄島国頭村辺野喜。収録時間30秒。

　オナガササキリ「ジー　ジー」，ネッタイオカメコオロギ「リィー　リリリリ」

　やんばるの山中を走る林道ぞいで，少し開けた場所にススキの草地があり，夕方にオナガササキリがさかんに鳴いていました。地表ではネッタイオカメコオロギがにぎやかです。遠くの林からはオオシマゼミの声も少し入っています。オナガササキリは本州では草地にごく普通ですが，沖縄島ではやや少なく，林のまわりの草地で見られます。

[Disc2-66] タイワンクツワムシを前奏から

　2012年11月12日23時，沖縄県沖縄島大宜味村。収録時間164秒。

　マダラコオロギ「シッ　シッ　シッ」，タイワンクツワムシ「ギュイ　ギュイ　ギュイ　ギュリリリリリ」

　照葉樹林の二次林でマダラコオロギが鳴いていますが，途中でタイワンクツワムシが鳴き始めます。タイワンクツワムシは鳴き始めに短い声を何度か

くりかえしてから，おもむろに連続音の本鳴きを始めます。1頭が鳴き始めたあと，近くでもう1頭が鳴き始めました。大声のタイワンクツワムシが2頭も鳴くとさすがにうるさく，マダラコオロギの声はかき消されてしまいました。

タイワンクツワムシ　*Mecopoda elongata*　　　　　　　Disc 2-66

　オスの翅はクツワムシよりも細長い。前胸の側面に暗色の斑紋がある。メスの産卵器はやや上にそる。体長 31〜40 mm。秋から春に成虫。林内や林床の下草に普通。本州南岸，四国，九州南部，八丈島，南西諸島に分布する。

タイワンクツワムシ♂　　　　　タイワンクツワムシ♀

[Disc2-67] 大宜味村の渓谷林でタイワンウマオイ

　2012年11月13日19時，沖縄県沖縄島大宜味村。収録時間40秒。

　タイワンウマオイ「シィチョ　シィチョ」，リュウキュウカネタタキ「チチ　チン　チン」，マダラコオロギ「ジイッ」

　沖縄島北部の山地帯のふもとのあたり，ミカン畑や二次林のなかを通る林道ぞいにて。ここはシイの原生林のような自然度の高い環境ではありませんが，ふしぎと多くの昆虫がいて，観察しやすいお気に入りの場所です。特に夜が楽しく，沖縄島へ行く機会あればいつも訪れます。この日はタイワンウマオイが鳴き盛り。

[Disc2-68] 山間草地のタイワンウマオイ

2013年6月25日0時，沖縄県沖縄島国頭村辺野喜。収録時間30秒。

　タイワンウマオイ「ジィッチョ」，ネッタイオカメコオロギ「リーリリリ」，ナツノツヅレサセコオロギ「リー　リー　リー」

　沖縄島北部の山地は，シイなどの照葉樹林に覆われていますが，林道ぞいには開けた草地になっているところが多くあります。そんな山間の草地で，夜中にタイワンウマオイが鳴いていました。タイワンウマオイは沖縄では身近な草むらに多くいて，出現期も長く，よく通る大きな声で鳴くため，存在感の大きな鳴く虫のひとつです。

沖縄島の山間草地

鳴くタイワンウマオイ♂

タイワンウマオイ♀

タイワンウマオイ　*Hexacentrus unicolor*　Disc 1-77, 78, 2-63, 64, 67, 68

　ハタケノウマオイによく似るが，やや大型で，より短く鳴く。体長23〜27 mm。丈の高い草地や林縁に普通。成虫は長く見られるが夏に多い。南西諸島（トカラ列島以南）に分布する。

[Disc2-69] 林縁の湿地にいたネッタイヤチスズ

　2012年11月14日8時，沖縄県沖縄島国頭村比地。収録時間33秒。

ネッタイヤチスズ「ジィー」

　照葉樹林の林縁に水が染み出して小さな湿地状になった草地があり，ネッタイヤチスズがたくさん鳴いていました。鳴き出しは小さく始まり，長く鳴く後半にしだいに大きな声になって鳴きやむというヤチスズ類に特徴的な鳴き方です。うしろの林ではさまざまな鳥が鳴いています。

ネッタイヤチスズ　*Pteronemobius indicus*　　　　　　　　　Disc 2-69

　ヤチスズによく似るが，生活史が異なり，卵越冬ではない。体長♂7.7 mm，♀7.4〜8.2 mm。湿地にすむ。周年成虫。南西諸島（トカラ列島以南）に分布する。

ネッタイヤチスズ♂ 　　　　　ネッタイヤチスズ♀

[Disc2-70] タイワンエンマコオロギとリュウキュウアブラゼミ

　2013年7月23日8時，沖縄県沖縄島国頭村比地，収録時間60秒。

タイワンエンマコオロギ「フィリリ　フィリリ」，リュウキュウアブラゼミ(セミ)「ジジジジジジジュー」，クマゼミ(セミ)「シワシワシワシワ」，ニイニイゼミの一種(セミ)「チー」

やんばるの朝。山のふもとの道ぞいで，植栽の根元の枯れ草に隠れてタイワンエンマコオロギが鳴いています。まわりの木立では沖縄の夏のセミたちが鳴き始めています。タイワンエンマコオロギはどうも人臭いところが好きなコオロギで，茂った草地のなかには少なく，人工的な裸地などによく見られます。

タイワンエンマコオロギ　*Teleogryllus occipitalis*　　Disc1-45, 76, 83, 85, 90, 2-70

体は褐色〜黄褐色。エンマコオロギに似るが，眼のまわりの眉紋はより太い。体長♂29〜31 mm，♀27〜32 mm。耕作地などの草地に普通。本州では初夏に成虫。南西諸島では周年成虫。本州南部，四国，九州，南西諸島に分布する。

タイワンエンマコオロギ♂　　　　　タイワンエンマコオロギ♀

[Disc2-71] リュウキュウマツ林の草地でオキナワマツムシ

2013年11月4日24時，沖縄県沖縄島国頭村安波。収録時間90秒。

オキナワマツムシ「ピッ　ピッ　ピッ　ピッ　ピリリ」

オキナワマツムシは本州などに分布するマツムシの別亜種とされていま

す。マツムシは「チン・チロリン」と聞きなしされる声で鳴きますが、オキナワマツムシは「チン」の部分を数度くりかえして鳴き、体がやや大型です。やんばるの山すそで、リュウキュウマツの林縁にコシダが生えたような乾燥した草むらでオキナワマツムシの虫しぐれに出会いました。似たような環境はたくさんあるのですが、オキナワマツムシがすむのは不思議と局所的で、その一角だけから声が聞こえました。

オキナワマツムシ　*Xenogryllus marmoratus unipartitus*　Disc 2-71
　マツムシの別亜種で、鳴き声が異なり、より大型。体長約 22 mm。乾燥した草地にすむ。秋に成虫。南西諸島に分布する。

オキナワマツムシのすむ草むら　　　オキナワマツムシ♂

[Disc2-72] タイワンハンノキが枯れてできた草地にいたヤマトヒバリ
　2012 年 11 月 13 日 15 時、沖縄県沖縄島国頭村与那覇岳。収録時間 60 秒。
　ヤマトヒバリ「ビィ　リィ　ビィ　リーリー　ビー」、リュウキュウチビスズ「ビー　ビー」、ササキリ「ジキジキジキジキ…」
　やんばるの森林を通る林道ぞいで、大発生したタイワンハムシの食害によりタイワンハンノキが枯死したため、ところどころに明るい空間ができています。そんな林間の草地でヤマトヒバリが鳴いていました。沖縄のヤマトヒバリ類は明るい草地にすむフタイロヒバリが普通ですが、ヤマトヒバリは少なく、今回初めて声を聞くことができました。

タイワンハムシとノグチゲラ

　沖縄島北部のやんばる地方では，海外から移入してきたタイワンハムシという甲虫が 2010 年ごろから大発生し，これまた移入種のタイワンハンノキを食害して樹を丸裸にしてしまうという事件がありました。林道を造成するときに道ぞいに植えたためか，山中に思いのほか多くのタイワンハンノキがあり，これがいっせいに葉がなくなったり枯死したものですから，これまで暗かった林内に突如として明るく開けた空間が出現しました。そのため，林内にも草原性の鳴く虫が増えたように思います。

　ところで，2013 年に訪れた際には，ノグチゲラが妙にいっぱいいて，たいへん驚きました。ノグチゲラといえば，かつてはちらりと姿を見て大喜びしたほどの希少種のキツツキです。これはもしかして，枯死したタイワンハンノキに枯木性の昆虫がたくさん発生して，それをえさにするノグチゲラも増えたのでは，と勘ぐってしまいました。そうだとすると，この立ち枯れが朽果てるころにはノグチゲラもまた減少するのだろうかと，想像しています。

タイワンハムシ　　　　　　　　ノグチゲラ

[Disc2-73] マングローブのダイトウクダマキモドキ

　2013 年 7 月 23 日 19 時，沖縄県沖縄島東村慶佐次。収録時間 30 秒。

　ダイトウクダマキモドキ「ジッ　ジチッ」

　マングローブと陸の森林の境目あたり，低木のやぶになっているところで，夕方にダイトウクダマキモドキがたくさん集まってさかんに鳴いていました。ダイトウクダマキモドキは沖縄の低地の樹上にごく普通なツユムシですが，鳴き声を聞く機会はあまり多くありません。どうも，日暮れどきの短い時間にかぎって鳴くことが多いようです。同じ場所に夜が更けてから再び

亜熱帯の森

ダイトウクダマキモドキ　*Phaulula daitoensis*　Disc 2-73

　訪れてみました。ダイトウクダマキモドキはまだたくさんいましたが，みな黙々と葉を食べていて，少しも鳴いていませんでした。

　翅は幅広く，つやをおびている。メスの産卵器は長く弧状に上反する。体長 20〜24 mm。ほぼ周年成虫。低地の広葉樹上に普通。八丈島，南西諸島に分布する。

ダイトウクダマキモドキ♂　　　ダイトウクダマキモドキ♀

[Disc2-74] マングローブのキンヒバリ

　2013年7月23日23時，沖縄県沖縄島東村。収録時間 61 秒。
　キンヒバリ「リッリッリッ　リー」，クチキコオロギ「リュイー」
　慶佐次（けさし）のマングローブ林のほとりに少し草の生えた湿地があり，キンヒバリが鳴いていました。暑い沖縄のせいか，本州で聞くキンヒバリよりもテンポが速く，金属的な響きが少ないように思います。汽水性の湿地だからか，鳴いている虫は多くはありません。少し離れた林ではクチキコオロギが鳴いています。

[Disc2-75] ヤエヤマヒルギのマングローブでヒルギカネタタキ

　2013年9月19日0時，沖縄県石垣島名倉アンパル。収録時間 28 秒。
　ヒルギカネタタキ「チンチンチンチン」

マングローブ

　奄美や沖縄の河口や前浜の干潟には，オヒルギやヤエヤマヒルギからなるマングローブ林が発達します。満潮時には海水に満たされ，干潮時には干出するマングローブの森では，独特の生態系が形成されます。本来は陸上性の昆虫には厳しい環境ですが，それだけに，特有の興味深い昆虫が生息しています。

西表島のマングローブ

　名倉アンパルは石垣島最大のマングローブ林です。その干潟のヤエヤマヒルギ樹上でヒルギカネタタキの声が聞こえました。ほかにも，夜のマングローブではいろいろな生き物の気配がします。ヒルギカネタタキはその名のとおりヒルギ類をはじめとするマングローブの樹上にすむカネタタキです。黒地に白のラインを引き，鮮やかなオレンジ色の翅をそなえたシックかつ華やかな美麗種。鳴き声はカネタタキの声によく似ています。ヒルギカネタタキはややテンポがはやい傾向がありますが，その区別は微妙です。

ヒルギカネタタキ　*Ornebius fuscicerci*　　　　　　　　　Disc 2-75
　体表は白色と黒色の鱗片に覆われ，明瞭な斑紋を形成する。オスの翅は橙黄色。体長7〜10 mm。マングローブ林の海寄りでヒルギ類樹上にすむ。7〜10月に成虫。種子島，奄美大島，沖縄島，石垣島，西表島に分布する。

亜熱帯の森

ヒルギカネタタキ♂　　　　　　　　ヒルギカネタタキ♀

モンパノキ　　　　　　　　　　　モンパノキの花

💿 [Disc2-76] モンパノキとクサトベラの林にはオチバカネタタキ

2013年5月17日22時，沖縄県石垣島吹通川河口。収録時間70秒。

オチバカネタタキ「ジッ　ジッ　ジッジッジッジ」，ネッタイオカメコオ

ロギ「リー　リー　リー」

　オチバカネタタキは海岸のクサトベラやモンパノキの低木林で地表の落ち葉にかくれてくらしています。一風変わったカネタタキで，ほかのカネタタキ類の鳴き声は「チン」という単一の一声で構成されるのに対し，オチバカネタタキは大げさに書けば「ジジ」というような複数音で一声が構成されます。生息環境にめぼしをつけて探さなければ気づきにくいような，とても小さな声ですが，かわいい美声です。

オチバカネタタキ　*Tubarama iriomotejimana*　　　　Disc 2-76

　体の表面には灰白色と黒褐色の鱗片があり，複雑な斑紋を形成する。オスの翅は黒色。メスには翅がない。体長 5.0〜6.5 mm。やや乾燥した海岸林の落葉のあいだにすむ。ほぼ周年成虫。南西諸島に分布する。

オチバカネタタキ♂　　　　　　　　　　オチバカネタタキ♀

[Disc2-77] ギンネムのしげみでイソカネタタキ

　2013年9月19日1時，沖縄県石垣島名倉。収録時間60秒。
　イソカネタタキ「チリチリチリチリ」，マダラコオロギ「シッ　シッ」
　ギンネムやアダンが茂る石垣島の海岸林でイソカネタタキがたくさん鳴いていました。「チン　チン」と鳴くほかのカネタタキ類とは異なり，イソカネタタキは連続した特徴的な声で鳴きます。少し離れてマダラコオロギの短い鳴き声もまじっています。マダラコオロギは山地の林に多い鳴く虫です

亜熱帯の森

イソカネタタキ　*Ornebius bimaculatus*　Disc 1-93, 2-77

体の表面には淡黄色の鱗片がある．オスの翅は黄色で後縁に1対の小黒点がある．メスには翅がない．体長11〜15 mm．おもに海岸の低木上にすむ．本州では秋に成虫，南西諸島では周年成虫．本州(房総半島以西)，四国，九州，伊豆諸島，小笠原諸島，南西諸島に分布する．

イソカネタタキ♂

イソカネタタキ♀

[Disc2-78] 西表島のセスジツユムシ

2013年5月18日23時，沖縄県西表島古見．収録時間46秒．

セスジツユムシ「チッ　チッ　チッ　チチー　チチー」

亜熱帯林のわきにある草地でセスジツユムシが鳴いています．チッ，チッと短い音で鳴きつづけ，もりあがってきたら最後にチチーと引っぱった鳴き方で数回鳴いて鳴きおわる，という特徴的なパターンをもちます．セスジツユムシは南日本から琉球にかけてひろく分布し，身近な草むらでよく見られる鳴く虫です．

西表島のセスジツユムシ♂

[Disc2-79] 西表島のササキリ

2011 年 11 月 6 日 15 時,沖縄県西表島上原。収録時間 30 秒。

ササキリ「ジキジキジキジキ」,イワサキゼミ(セミ)「ゲーカンカララゲー」

　草原性の種が多いササキリ類のなかで,ササキリは森林やその周辺のやぶにすみ,異色の存在です。緑と黒の派手な姿はいかにも南方系っぽい雰囲気ですが,分布はかなりひろく,本州でもおなじみの鳴く虫です。琉球産のササキリは本州産に比べるとより色鮮やかなように思います。録音は少し開けた明るい森林で,遠くでイワサキゼミが鳴いています。

ササキリ *Conocephalus melaenus*　　　　　　　　　　　Disc 2-72, 79

　体側から前翅にかけて太い黒帯があり,一見してほかのササキリ類から区別できる。通常緑色型で,まれに黄色型がいる。幼虫も赤と黒の色彩で特徴的。体長 12〜17 mm。森林性で,日陰の低木や草上に普通。秋に成虫。本州中南部,四国,九州,南西諸島に分布する。

ササキリ♂　　　　　　　　　　　　　ササキリ♀

[Disc2-80] いつものネッタイオカメコオロギ

2013 年 5 月 21 日 12 時,沖縄県与那国島満田原。収録時間 30 秒。

ネッタイオカメコオロギ「リー　リリリリ　リリ」

　照葉樹林にかこまれた空き地でネッタイオカメコオロギが鳴いています。

まわりでは，いろいろな鳥の声がします。ネッタイオカメコオロギは，九州以北に分布するモリオカメコオロギによく似ていますが，休眠性がなく1年中成虫が見られるのが特徴です。沖縄では，ちょっとした林があれば，ごく普通にいる鳴く虫です。

ネッタイオカメコオロギ　*Loxoblemmus equestris*　Disc 1-85, 88, 2-65, 68, 76, 80

モリオカメコオロギによく似ているが，決まった越冬態がないことで区別される。体長11〜13mm。森林の地表にすむ。ほぼ周年成虫。南西諸島（トカラ列島以南）に分布する。

ネッタイオカメコオロギ♂　　　ネッタイオカメコオロギ♀

[Disc2-81] あんがい特徴的なリュウキュウカネタタキの声

2013年9月17日23時，沖縄県石垣島屋良部岳。収録時間36秒。

リュウキュウカネタタキ「ピン　ピン　ピピン」，マダラコオロギ「シッシッ」

リュウキュウカネタタキは大型で美しいカネタタキです。鳴き声はカネタタキに似ていますが，より大きな金属的な声でゆっくり間隔をあけて鳴き，ときおり二声連続で鳴く部分をまじえるのが特徴です。その微妙なテンポの変化がおもしろく，筆者のお気に入りの鳴き声のひとつです。

リュウキュウカネタタキ　*Ornebius longipennis ryukyuensis*

Disc 2-56, 67, 81

　大型のカネタタキで，腹部背面の中間節と末節は黒い。オスの翅は橙褐色。尾肢はきわめて長い。体長 11～14 mm。低地林や海岸林の樹上にすむ。7～10 月に成虫。南西諸島に分布する。

リュウキュウカネタタキ♂　　　　　　　　リュウキュウカネタタキ♀

[Disc2-82] 西表島の春の夜にヤエヤマオオツユムシ

2013 年 5 月 19 日 22 時，沖縄県西表島白浜。収録時間 24 秒。

　ヤエヤマオオツユムシ「ジッチョ　ジッチョ」，ヤエヤマクチキコオロギ「リィー」，ナツノツヅレサセコオロギ「リー　リー　リー」，リュウキュウコノハズク（鳥）「コホッ」

　亜熱帯の西表島ではいつも多くの昆虫がいるような印象があるかもしれません。確かに 1 年中見られる昆虫も多いのですが，季節性が明確な種もまた多く，虫しぐれも季節によって変化します。ヤエヤマオオツユムシは春の鳴く虫で，5 月ごろの夜の森を象徴する鳴き声です。

ヤエヤマオオツユムシ　*Elimaea yaeyamensis*　　Disc 2-82, 83, 84, 86

　体は緑色または黄褐色で，翅に小黒点が散在する。触角は黒く，ところどころに白色部がある。体長 20～23 mm。5～6 月に成虫。照葉樹林の林内や林縁の低木上にすむ。石垣島，西表島に分布する。

亜熱帯の森　173

ヤエヤマオオツユムシ♂　　　　　ヤエヤマオオツユムシ♀

[Disc2-83] 森の虫しぐれとヤエヤマハラブチガエル
2013年5月19日22時，沖縄県西表島白浜。収録時間90秒。

　ヤエヤマオオツユムシ「ジッチョ　ジッチョ」，ヤエヤマクチキコオロギ「リィー」，ナツノツヅレサセコオロギ「リー　リーリー」カネタタキ「チンチン」，ヤエヤマハラブチガエル（カエル）「コココココ」，ヒメアマガエル（カエル）「カララ」，リュウキュウコノハズク（鳥）「コホッ」

　森林のなかに小さな池があり，ヤエヤマハラブチガエルが涼やかに鳴いています。周囲の照葉樹林ではヤエヤマオオツユムシをはじめ，森林性の鳴く虫がにぎやかです。森林性の昆虫であっても密林の内部では必ずしも多くはありません。少し林の切れ目がある場所や林縁に多くの昆虫が見られます。

[Disc2-84] 西表島の森でヤエヤマクチキコオロギ
2013年5月18日21時，沖縄県西表島古見。収録時間63秒。

　ヤエヤマクチキコオロギ「リィー」，ヤエヤマオオツユムシ「ジッ　ジッジッ　ジッチョ　ジッチョ」，ナツノツヅレサセコオロギ「リー　リーリー」，リュウキュウコノハズク（鳥）「コホ　コホロ」，アイフィンガーガエル（カエル）「ビッ　ビッ　ビョビョビョ」

　西表島の夜の照葉樹林で，いろいろな生き物の声が聞こえます。樹幹ではヤエヤマクチキコオロギが鳴いています。ヤエヤマクチキコオロギは日本のコオロギ類のなかでは最大種です。樹上からはヤエヤマオオツユムシの特徴

的な声や聞こえ，少し離れてナツノツヅレサセコオロギなどが鳴いています。八重山の森に多いリュウキュウコノハズクやアイフィンガーガエルも交えて，豊かな森の合唱です。

[Disc2-85] 与那国の森でヨナグニクチキコオロギ
　2013年5月20日20時，沖縄県与那国島久部良。収録時間30秒。
　ヨナグニクチキコオロギ「リィー」，ナツノツヅレサセコオロギ「リーリー　リー」
　与那国島の照葉樹林でヨナグニクチキコオロギとナツノツヅレサセコオロギが鳴いています。与那国島は多くの固有種の生物を擁する貴重な地域です。ヨナグニクチキコオロギも与那国島固有種です。これらの生物の生息地は島内でもごく狭い地域にかぎられる場合が多く，慎重に保全をはからなければいけないでしょう。

ヤエヤマクチキコオロギ　*Duolandrevus guntheri* 　　Disc 2-82, 83, 84, 87
　クチキコオロギに似るが大型で，交尾器が異なる。体長♂38〜44 mm，♀34〜36 mm。森林内にすむ。周年成虫。石垣島，西表島に分布する。

ヤエヤマクチキコオロギ♂　　　　　ヤエヤマクチキコオロギ♀

ヨナグニクチキコオロギ　*Duolandrevus yonaguniensis* 　　Disc 2-85
　ヤエヤマクチキコオロギによく似るが，より小型で，交尾器が異なる。体

亜熱帯の森　175

長♂約 33 mm，♀約 31 mm。森林内にすむ。周年成虫。与那国島に分布する。

[Disc2-86] 西表島のリュウキュウサワマツムシ

2013 年 5 月 18 日 22 時，沖縄県西表島古見。収録時間 60 秒。

リュウキュウサワマツムシ「ピッピッピッピッピリリー」，ヤエヤマオオツユムシ「ジッチョ　ジッチョ」，ナツノツヅレサセコオロギ「リー　リーリー」，ヒメアマガエル（カエル）「カララ」

西表島は広大な原生林に覆われ，日本のなかでも最も自然環境の残された地域のひとつです。それだけに森林内に気軽に入るというわけにはいきません。特に夜間の山歩きは細心の注意とある種の気合を必要とします。そんな西表島の夜の森できれいに鳴くリュウキュウサワマツムシに出会いました。樹上からはヤエヤマオオツユムシの声が聞こえます。

リュウキュウサワマツムシ　*Vescelia pieli ryukyuensis* Disc 2-56, 57, 86

オスの翅は大きく，肢は淡褐色のまだら模様がある。体長 15〜20 mm。よく茂った森林内の沢に近い低木上にすむ。ほぼ周年成虫。奄美大島，徳之島，沖縄島，久米島，石垣島，西表島に分布する。

リュウキュウサワマツムシ♂　　　リュウキュウサワマツムシ♀

[Disc2-87] アイフィンガーガエルと鳴くマダラコオロギ

2011年11月5日21時，沖縄県西表島祖納。収録時間60秒。

マダラコオロギ「シッ　シッ　シッ」，カネタタキ「チン　チン　チン」，ヤエヤマクチキコオロギ「グリィー」，アイフィンガーガエル（カエル）「ビッ　ビッ」，リュウキュウコノハズク（鳥）「コホ　コホ」

アイフィンガーガエル

　西表島の夜の森。アイフィンガーガエルが樹上でさかんに鳴いていて，そのあいまにマダラコオロギとカネタタキが鳴きます。少し離れてヤエヤマクチキコオロギ，遠くでリュウキュウコノハズクの声がします。アイフィンガーガエルは樹洞の水たまりでオタマジャクシを育てる森のカエル。よく茂った森林にすんでいます。周囲は人の手が少し入った二次林と思われる照葉樹林ですが，いろいろな森林性の生物が観察できます。

マダラコオロギ　*Cardiodactylus guttulus*　Disc 2-56, 66, 67, 77, 81, 87, 88

　体は黄褐色で，翅に顕著な黄斑をもつ。体長♂約37 mm，♀約36 mm。森林内の低木上や下草にすみ，個体数が多く，樹上で群れてくらす。8月〜1月に成虫。南西諸島（奄美大島以南）に分布する。

マダラコオロギ♂ 　　　　　　　　　マダラコオロギ♀

亜熱帯の森

> **コバネマツムシの鳴き声**
>
> コバネマツムシは琉球の森林にすむマツムシの仲間です。オスの翅には発音器がありますが，めったに鳴き声を聞くことはありません。筆者が聞いたことがあるのは，いちどだけ。採集したコバネマツムシを生きたままポリ袋に入れて室内に置いておいたとき，「ビー」と短く小さな声で鳴いたのです。小さな翅を立てて鳴いている姿も見ることができたので，たしかにコバネマツムシの鳴き声であることは確認できましたが，録音はできませんでした。いつか，野外でコバネマツムシの鳴き声を聞きたいと思っているのですが，いまだ果たせません。

コバネマツムシ　*Lebinthus yaeyamensis*　　　鳴き声は未収録

体は茶褐色。後肢はよく発達し，翅は短い。体長♂約15 mm，♀約14 mm。原生林の暗い林床で落葉の上や草上にすむ。9〜10月に成虫。久米島，石垣島，西表島に分布する。

コバネマツムシ♂　　　　　コバネマツムシ♀

[Disc2-88] 夕闇迫る西表島の森

2011年11月5日17時，沖縄県西表島浦内。収録時間110秒。

マダラコオロギ「シッ　シッ　シッ」，カネタタキ「チン　チン　チン」，タイワンヒグラシ(セミ)「グーワンワンワンワンギュー」，ズアカアオバト(鳥)「ホーワ　オー　ホワ　オー」

II. 森林の部

　西表島の密林でマダラコオロギやカネタタキが鳴いています。これらをかき消すようにタイワンヒグラシの大声がひびきわたり，ズアカアオバトの間のびした声が入ります。夕闇の迫る亜熱帯の森では，さまざまな夜行性の生物が活動を始めているのか，カサカサ，パチパチといろいろな音がします。

タイワンヒグラシ　　　　　　　　　夕暮れの森

フィールド紹介・西表島
　沖縄県の西表島は，日本で最も豊かな亜熱帯林を擁し，南方系の鳴く虫がたくさん生息しているので，何度も観察に訪れました。特にマングローブや海岸林が魅力的です。日本では，海と陸が堤防や道路などの人工物で分断されている場所がほとんどですが，西表島では海岸から陸の森林まで分断されることない本当の自然海岸が多く残っています。
　西表島では特に夜中の野歩きが楽しみです。昼間に1度下見に入り，ルートや観察ポイント，危険箇所などを頭に入れておいて，日が暮れてから再び

訪れます。夜の森では，鳴く虫だけでなく，数多くの夜行性の昆虫や動物が見つかります。また，昼間にはすばしっこく逃げてしまう動物が寝ぼけているところをゆっくり観察できるのもうれしいところ。西表の夜歩きは，緊張と興奮をおりまぜた至福のときです。深夜まで歩いて心地よく疲れたあとには，ビールを1本。これも至福。

西表島の渓谷と森林

西表島に多いサキシマハブ

参考図書

　本書は,『バッタ・コオロギ・キリギリス大図鑑』(日本直翅類学会編, 2006, 北海道大学出版会)と『バッタ・コオロギ・キリギリス生態図鑑』(村井貴史・伊藤ふくお著, 2011, 北海道大学出版会)に多くの基礎をおいています. 前者は, 多数の新鮮な標本写真を用いて日本産直翅目の全種を網羅した空前の大図鑑, 後者は生態写真で代表種を網羅したハンディーな図鑑です. 直翅目の昆虫に興味のある方にはぜひご参照いただきたい2冊です. 私は, これらの図鑑の刊行にかかわることができ, とてもありがたく思っています. また,「大阪市立自然史博物館叢書④ 鳴く虫セレクション――音に聴く虫の世界」(大阪市立自然史博物館・大阪自然史センター編, 2008, 東海大学出版会),『生態写真と鳴き声で知る沖縄の鳴く虫50種』(佐々木健志・山城照久・村山望著, 2009, 新星出版),『環境ECO選書5 昆虫の発音によるコミュニケーション』(宮武頼夫編, 2011, 北隆館)も参照しました.

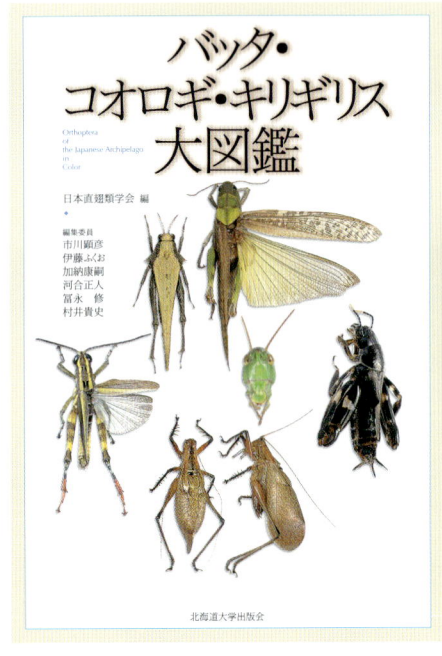

和名索引

【ア行】

アオマツムシ　Disc1-06, 18, Disc2-08, 09, 10, 11, 16, 19, 26, 27, 32, 49; 解説 p.121

アシグロウマオイ　Disc1-77, 78, Disc2-63; 解説 p.78

イソカネタタキ　Disc1-93, Disc2-77; 解説 p.169

イソスズ　Disc1-92; 解説 p.90

イブキヒメギス　Disc2-43, 44; 解説 p.138

インドカンタン　Disc1-91; 解説 p.89

ウスイロササキリ　Disc1-06; 解説 p.8

ウスリーヤブキリ　Disc2-24; 解説 p.119

エゾエンマコオロギ　Disc1-74, 75; 解説 p.75

エゾコバネヒナバッタ　Disc1-58; 解説 p.62

エゾスズ　Disc1-56, Disc2-51; 解説 p.58

エゾツユムシ　Disc1-68, 69, Disc2-31, 47; 解説 p.140

エンマコオロギ　Disc1-04, 07, 15, 16, 17, 18, 20, 28, 37, 72, 74, Disc2-15, 23, 33; 解説 p.18

オオオカメコオロギ　Disc1-01, 02; 解説 p.4

オオクサキリ　Disc1-40, 41; 解説 p.43

オガサワラクビキリギス　Disc1-85; 解説 p.85

オキナワキリギリス　Disc1-82; 解説 p.83

オキナワシブイロカヤキリ　Disc1-76; 解説 p.77

オキナワヘリグロツユムシ　Disc2-62, 64; 解説 p.155

オキナワマツムシ　Disc2-71; 解説 p.163

オチバカネタタキ　Disc2-76; 解説 p.168

オナガササキリ　Disc1-21, Disc2-23, 65; 解説 p.20

【カ行】

カスミササキリ　鳴き声未収録; 解説 p.27

カネタタキ　Disc2-10, 11, 27, 28, 29, 83, 87, 88; 解説 p.123

カマドコオロギ　Disc1-83, 84; 解説 p.84

カヤキリ　Disc1-42, 44; 解説 p.43

カヤヒバリ　Disc1-39, Disc2-64; 解説 p.158

カラフトキリギリス　Disc1-67; 解説 p.70

カワラスズ　Disc1-32; 解説 p.33

カンタン　Disc1-05, 07, 08, 09, 68, Disc2-15, 37, 49; 解説 p.8

キタササキリ　Disc1-71; 解説 p.72

キンヒバリ　Disc2-18, 74; 解説 p.113

クサキリ　Disc1-19, 43; 解説 p.45

クサヒバリ　Disc1-19, 21, Disc2-10, 11, 23, 30; 解説 p.118

クチキコオロギ　Disc1-11, 44, Disc2-01, 02, 12, 57, 59, 62, 74; 解説 p.98

クチナガコオロギ　Disc2-25; 解説 p.119

クツワムシ　Disc1-11, Disc2-09, 13, 22; 解説 p.109

クビキリギス　Disc1-50, 51; 解説 p.53

クマコオロギ　Disc1-16, 17, 18, 19, 25; 解説 p.19

クマスズムシ　Disc2-09, 20, 59; 解説

p.116
クモマヒナバッタ　Disc1-61; 解説 p.63
クロツヤコオロギ　Disc1-53, 54, Disc2-03; 解説 p.55
ケラ　Disc1-26, 79; 解説 p.26
コガタカンタン　Disc2-50; 解説 p.143
コガタコオロギ　Disc1-53, 54; 解説 p.56
コズエヤブキリ　Disc2-06, 36, 50; 解説 p.134
コバネササキリ　Disc1-23; 解説 p.23
コバネヒメギス　Disc1-37; 解説 p.40
コバネマツムシ　鳴き声未収録; 解説 p.177

【サ行】

サキオレツユムシ　Disc2-62; 解説 p.155
ササキリ　Disc2-72, 79; 解説 p.170
シバスズ　Disc1-04, 06, 12, 27, 28, 29, 37, 45, 71; 解説 p.29
シブイロカヤキリ　Disc1-52; 解説 p.53
スズムシ　Disc1-01, 02, 03, 05, 06, 08, Disc2-10; 解説 p.10
ズトガリクビキリ　Disc2-54, 55; 解説 p.148
セスジツユムシ　Disc1-08, Disc2-09, 78; 解説 p.103

【タ行】

ダイトウクダマキモドキ　Disc2-73; 解説 p.165
タイワンウマオイ　Disc1-77, 78, Disc2-63, 64, 67, 68; 解説 p.161
タイワンエンマコオロギ　Disc1-45, 76, 83, 85, 90, Disc2-70; 解説 p.162
タイワンカヤヒバリ　Disc1-77, 78; 解説 p.79
タイワンクツワムシ　Disc2-66; 解説 p.159
タカネヒナバッタ　Disc1-57; 解説 p.60
タンボオカメコオロギ　Disc1-22, 73; 解説 p.22
タンボコオロギ　Disc1-55, 80; 解説 p.55
チャイロカンタン　Disc1-89; 解説 p.89
ツシマオカメコオロギ　Disc1-14; 解説 p.16
ツシマフトギス　Disc1-46, Disc2-06, 07; 解説 p.101
ツヅレサセコオロギ　Disc1-02, 12, 13, 19, 25; 解説 p.15

【ナ行】

ナカオレツユムシ　鳴き声未収録; 解説 p.156
ナキイナゴ　Disc1-47, 48, 64, Disc2-38; 解説 p.49
ナツノツヅレサセコオロギ　Disc1-54, Disc2-04, 05, 07, 60, 61, 68, 82, 83, 84, 85, 86; 解説 p.154
ニシキリギリス　Disc1-35, 36; 解説 p.38
ネッタイオカメコオロギ　Disc1-85, 88, Disc2-65, 68, 76, 80; 解説 p.171
ネッタイシバスズ　Disc1-85, 86, 89, 91; 解説 p.86
ネッタイヤチスズ　Disc2-69; 解説 p.161

【ハ行】

ハタケノウマオイ　Disc1-01, 30, Disc2-08; 解説 p.31
ハネナガキリギリス　Disc1-65, 66, 67, 68, 71; 解説 p.69
ハマスズ　Disc1-31; 解説 p.32
ハヤシノウマオイ　Disc1-07, 12, 20, Disc2-01, 14, 15, 16, 17, 35, 37; 解説 p.111
ハラオカメコオロギ　Disc1-05, 06, 08, 12, 19, 23, 37, Disc2-15; 解説 p.14
ハラミドリヒメギス　Disc2-42; 解説 p.139
ヒガシキリギリス　Disc1-20, 33, 34, 48, Disc2-31; 解説 p.37
ヒゲシロスズ　Disc1-05; 解説 p.6

ヒゲナガヒナバッタ　Disc1-49; 解説 p.50
ヒザグロナキイナゴ　Disc1-70; 解説 p.71
ヒサゴクサキリ　Disc1-44; 解説 p.46
ヒナバッタ　Disc1-65, Disc2-34; 解説 p.129
ヒメギス　Disc1-20, 37, 38, Disc2-41; 解説 p.39
ヒメクサキリ　Disc1-68, 72, Disc2-32; 解説 p.127
ヒメクダマキモドキ　Disc2-11; 解説 p.104
ヒメコオロギ　Disc1-27; 解説 p.28
ヒメコガタコオロギ　Disc1-88, 90; 解説 p.87
ヒメスズ　Disc2-21; 解説 p.117
ヒョウノセンヒメギス　Disc2-46; 解説 p.138
ヒラタツユムシ　Disc2-63; 解説 p.157
ヒルギカネタタキ　Disc2-75; 解説 p.166
ヒロバネカンタン　Disc1-03, 10, 30, 31, 46, 83, 90; 解説 p.48
ヒロバネヒナバッタ　Disc2-51, 52; 解説 p.145
フタイロヒバリ　Disc1-81; 解説 p.80
フタホシコオロギ　Disc1-87; 解説 p.86
ヘリグロツユムシ　Disc2-49; 解説 p.142
ホソクビツユムシ　Disc1-47, Disc2-48; 解説 p.141

【マ行】

マダラコオロギ　Disc2-56, 66, 67, 77, 81, 87, 88; 解説 p.176
マダラスズ　Disc1-11, 26, Disc2-37; 解説 p.13
マダラバッタ　Disc1-95; 解説 p.94
マツムシ　Disc1-01, 02, 03, 05, 09, 10, 30; 解説 p.12
マメクロコオロギ　Disc1-94; 解説 p.92
ミツカドコオロギ　Disc1-04, 28; 解説 p.6
ミヤマヒナバッタ　Disc1-62, 63; 解説 p.65
ミヤマヒメギス　Disc2-45; 解説 p.139
モリオカメコオロギ　Disc1-07, 13, Disc2-19, 20, 34, 49; 解説 p.116

【ヤ行】

ヤエヤマオオツユムシ　Disc2-82, 83, 84, 86; 解説 p.172
ヤエヤマクチキコオロギ　Disc2-82, 83, 84, 87; 解説 p.174
ヤチスズ　Disc1-24, 25; 解説 p.24
ヤツコバネヒナバッタ　Disc1-60; 解説 p.63
ヤブキリ　Disc1-46, Disc2-05, 07, 14, 15, 17, 32, 33, 35, 37, 38, 39, 53; 解説 p.132
ヤマクダマキモドキ　Disc2-19; 解説 p.113
ヤマトコバネヒナバッタ　Disc1-59; 解説 p.62
ヤマトヒバリ　Disc2-12, 33, 72; 解説 p.106
ヤマヤブキリ　Disc2-40, 47; 解説 p.133
ヨナグニクチキコオロギ　Disc2-85; 解説 p.174

【ラ行】

リュウキュウカネタタキ　Disc2-56, 67, 81; 解説 p.172
リュウキュウサワマツムシ　Disc2-56, 57, 86; 解説 p.175
リュウキュウチビスズ　Disc2-58, 61, 72; 解説 p.152

学名索引

【A】
Aiolopus thalassinus tamulus　Disc1-95; 解説 p.94

【C】
Cardiodactylus guttulus　Disc2-56, 66, 67, 77, 81, 87, 88; 解説 p.176
Chizuella bonneti　Disc1-37; 解説 p.40
Chorthippus fallax strelkovi　Disc1-58; 解説 p.62
Chorthippus fallax yamato　Disc1-59; 解説 p.62
Chorthippus fallax yatsuanus　Disc1-60; 解説 p.63
Chorthippus intermedius　Disc1-57; 解説 p.60
Chorthippus kiyosawai　Disc1-61; 解説 p.63
Chorthippus supranimbus supranimbus　Disc1-62, 63; 解説 p.65
Comidogryllus nipponensis　Disc1-27; 解説 p.28
Conocephalus chinensis　Disc1-06; 解説 p.8
Conocephalus fuscus　Disc1-71; 解説 p.72
Conocephalus gladiatus　Disc1-21, Disc2-23, 65; 解説 p.20
Conocephalus japonicus　Disc1-23; 解説 p.23
Conocephalus melaenus　Disc2-72, 79; 解説 p.170

【D】
Decticus verrucivorus　Disc1-67; 解説 p.70
Dianemobius csikii　Disc1-31; 解説 p.32
Dianemobius furumagiensis　Disc1-32; 解説 p.33
Dianemobius nigrofasciatus　Disc1-11, 26, Disc2-37; 解説 p.13
Ducetia japonica　Disc1-08, Disc2-09, 78; 解説 p.103
Duolandrevus guntheri　Disc2-82, 83, 84, 87; 解説 p.174
Duolandrevus ivani　Disc1-11, 44, Disc2-01, 02, 12, 57, 59, 62, 74; 解説 p.98
Duolandrevus yonaguniensis　Disc2-85; 解説 p.174

【E】
Elimaea yaeyamensis　Disc2-82, 83, 84, 86; 解説 p.172
Eobiana engelhardti subtropica　Disc1-20, 37, 38, Disc2-41; 解説 p.39
Eobiana japonica　Disc2-43, 44; 解説 p.138
Eobiana nagashimai　Disc2-42; 解説 p.139
Eobiana nippomontana　Disc2-45; 解説 p.139
Eobiana sp.　Disc2-46; 解説 p.138
Euconocephalus nasutus　Disc1-85; 解説 p.85
Euconocephalus varius　Disc1-50, 51; 解説 p.53

【G】

Gampsocleis buergeri　　Disc1-35, 36; 解説 p.38

Gampsocleis mikado　　Disc1-20, 33, 34, 48, Disc2-31; 解説 p.37

Gampsocleis ryukyuensis　　Disc1-82; 解説 p.83

Gampsocleis ussuriensis　　Disc1-65, 66, 67, 68, 71; 解説 p.69

Glyptobothrus maritimus maritimus　　Disc1-65, Disc2-34; 解説 p.129

Gryllodes sigillatus　　Disc1-83, 84; 解説 p.84

Gryllotalpa orientalis　　Disc1-26, 79; 解説 p.26

Gryllus bimaculatus　　Disc1-87; 解説 p.86

【H】

Hexacentrus fuscipes　　Disc1-77, 78, Disc2-63; 解説 p.78

Hexacentrus hareyamai　　Disc1-07, 12, 20, Disc2-01, 14, 15, 16, 17, 35, 37; 解説 p.111

Hexacentrus japonicus　　Disc1-01, 30, Disc2-08; 解説 p.31

Hexacentrus unicolor　　Disc1-77, 78, Disc2-63, 64, 67, 68; 解説 p.161

Holochlora longifissa　　Disc2-19; 解説 p.113

Homoeoxipha lycoides　　Disc1-81; 解説 p.80

Homoeoxipha obliterata　　Disc2-12, 33, 72; 解説 p.106

【I】

Isopsera denticulata　　鳴き声未収録; 解説 p.156

Isopsera sulcata　　Disc2-62; 解説 p.155

【K】

Kuwayamaea sapporensis　　Disc1-68, 69, Disc2-31, 47; 解説 p.140

【L】

Lebinthus yaeyamensis　　鳴き声未収録; 解説 p.177

Loxoblemmus aomoriensis　　Disc1-22, 73; 解説 p.22

Loxoblemmus campestris　　Disc1-05, 06, 08, 12, 19, 23, 37, Disc2-15; 解説 p.14

Loxoblemmus doenitzi　　Disc1-04, 28; 解説 p.6

Loxoblemmus equestris　　Disc1-85, 88, Disc2-65, 68, 76, 80; 解説 p.171

Loxoblemmus magnatus　　Disc1-01, 02; 解説 p.4

Loxoblemmus sylvestris　　Disc1-07, 13, Disc2-19, 20, 34, 49; 解説 p.116

Loxoblemmus tsushimensis　　Disc1-14; 解説 p.16

【M】

Mecopoda elongata　　Disc2-66; 解説 p.159

Mecopoda niponensis　　Disc1-11, Disc2-09, 13, 22; 解説 p.109

Melanogryllus bilineatus　　Disc1-94; 解説 p.92

Meloimorpha japonica　　Disc1-01, 02, 03, 05, 06, 08, Disc2-10; 解説 p.10

Mitius minor　　Disc1-16, 17, 18, 19, 25; 解説 p.19

Modicogryllus consobrinus　　Disc1-88, 90; 解説 p.87

Modicogryllus siamensis　　Disc1-55, 80; 解説 p.55

Mongolotettix japonicus　　Disc1-47, 48, 64, Disc2-38; 解説 p.49

【N】

Natula matsuurai　Disc2-18, 74; 解説 p.113

Natula pallidula　Disc1-39, Disc2-64; 解説 p.158

【O】

Oecanthus euryelytra　Disc1-03, 10, 30, 31, 46, 83, 90; 解説 p.48

Oecanthus indicus　Disc1-91; 解説 p.89

Oecanthus longicauda　Disc1-05, 07, 08, 09, 68, Disc2-15, 37, 49; 解説 p.8

Oecanthus rufescens　Disc1-89; 解説 p.89

Oecanthus similator　Disc2-50; 解説 p.143

Orchelimum kasumigauraense　鳴き声未収録; 解説 p.27

Ornebius bimaculatus　Disc1-93, Disc2-77; 解説 p.169

Ornebius fuscicerci　Disc2-75; 解説 p.166

Ornebius kanetataki　Disc2-10, 11, 27, 28, 29, 83, 87, 88; 解説 p.123

Ornebius longipennis ryukyuensis　Disc2-56, 67, 81; 解説 p.172

【P】

Palaeoagraecia lutea　Disc1-44; 解説 p.46

Paratlanticus tsushimensis　Disc1-46, Disc2-06, 07; 解説 p.101

Phaulula daitoensis　Disc2-73; 解説 p.165

Phaulula macilenta　Disc2-11; 解説 p.104

Phonarellus ritsemai　Disc1-53, 54, Disc2-03; 解説 p.55

Podismopsis genicularibus　Disc1-70; 解説 p.71

Polionemobius flavoantennalis　Disc1-05; 解説 p.6

Polionemobius mikado　Disc1-04, 06, 12, 27, 28, 29, 37, 45, 71; 解説 p.29

Polionemobius taprobanensis　Disc1-85, 86, 89, 91; 解説 p.86

Pseudorhynchus japonicus　Disc1-42, 44; 解説 p.43

Psyrana japonica　Disc2-49; 解説 p.142

Psyrana ryukyuensis　Disc2-62, 64; 解説 p.155

Pteronemobius indicus　Disc2-69; 解説 p.161

Pteronemobius nigrescens　Disc2-21; 解説 p.117

Pteronemobius ohmachii　Disc1-24, 25; 解説 p.24

Pteronemobius sulfurariae　Disc2-58, 61, 72; 解説 p.152

Pteronemobius yezoensis　Disc1-56, Disc2-51; 解説 p.58

Pyrgocorypha subulata　Disc2-54, 55; 解説 p.148

【R】

Ruspolia dubia　Disc1-68, 72, Disc2-32; 解説 p.127

Ruspolia lineosa　Disc1-19, 43; 解説 p.45

Ruspolia sp.　Disc1-40, 41; 解説 p.43

【S】

Schmidtiacris schmidti　Disc1-49; 解説 p.50

Sclerogryllus punctatus　Disc2-09, 20, 59; 解説 p.116

Shirakisotima japonica　Disc1-47, Disc2-48; 解説 p.141

Stenobothrus fumatus　Disc2-51, 52; 解説 p.145

Svistella bifasciata　　Disc1-19, 21, Disc2-10, 11, 23, 30; 解説 p.118
Svistella henryi　　Disc1-77, 78; 解説 p.79

【T】

Teleogryllus emma　　Disc1-04, 07, 15, 16, 17, 18, 20, 28, 37, 72, 74, Disc2-15, 23, 33; 解説 p.18
Teleogryllus infernalis　　Disc1-74, 75; 解説 p.75
Teleogryllus occipitalis　　Disc1-45, 76, 83, 85, 90, Disc2-70; 解説 p.162
Tettigonia orientalis　　Disc1-46, Disc2-05, 07, 14, 15, 17, 32, 33, 35, 37, 38, 39, 53; 解説 p.132
Tettigonia tsushimensis　　Disc2-06, 36, 50; 解説 p.134
Tettigonia ussuriana　　Disc2-24; 解説 p.119
Tettigonia yama　　Disc2-40, 47; 解説 p.133
Thetella elegans　　Disc1-92; 解説 p.90
Togona unicolor　　Disc2-63; 解説 p.157
Truljalia hibinonis　　Disc1-06, 18, Disc2-08, 09, 10, 11, 16, 19, 26, 27, 32, 49; 解説 p.121

Tubarama iriomotejimana　　Disc2-76; 解説 p.168

【V】

Velarifictorus aspersus　　Disc2-25; 解説 p.119
Velarifictorus grylloides　　Disc1-54, Disc2-04, 05, 07, 60, 61, 68, 82, 83, 84, 85, 86; 解説 p.154
Velarifictorus micado　　Disc1-02, 12, 13, 19, 25; 解説 p.15
Velarifictorus ornatus　　Disc1-53, 54; 解説 p.56
Vescelia pieli ryukyuensis　　Disc2-56, 57, 86; 解説 p.175

【X】

Xenogryllus marmoratus marmoratus　　Disc1-01, 02, 03, 05, 09, 10, 30; 解説 p.12
Xenogryllus marmoratus unipartitus　　Disc2-71; 解説 p.163
Xestophrys javanicus　　Disc1-52; 解説 p.53
Xestophrys platynotus　　Disc1-76; 解説 p.77

分類索引

音声と解説に登場する生き物のうち、直翅目について分類順にリストしています。
配列は「バッタ・コオロギ・キリギリス大図鑑」にしたがっています。

キリギリス科　Tettigoniidae
ヤブキリ　*Tettigonia orientalis*　　　Disc1-46, Disc2-05, 07, 14, 15, 17, 32, 33, 35, 37, 38, 39, 53; 解説 p.132
ヤマヤブキリ　*Tettigonia yama*　　Disc2-40, 47; 解説 p.133
コズエヤブキリ　*Tettigonia tsushimensis*　　Disc2-06, 36, 50; 解説 p.134
ウスリーヤブキリ　*Tettigonia ussuriana*　　Disc2-24; 解説 p.119
カラフトキリギリス　*Decticus verrucivorus*　　Disc1-67; 解説 p.70
ニシキリギリス　*Gampsocleis buergeri*　　Disc1-35, 36; 解説 p.38
ヒガシキリギリス　*Gampsocleis mikado*　　Disc1-20, 33, 34, 48, Disc2-31; 解説 p.37
ハネナガキリギリス　*Gampsocleis ussuriensis*　　Disc1-65, 66, 67, 68, 71; 解説 p.69
オキナワキリギリス　*Gampsocleis ryukyuensis*　　Disc1-82; 解説 p.83
ツシマフトギス　*Paratlanticus tsushimensis*　　Disc1-46, Disc2-06, 07; 解説 p.101
ヒメギス　*Eobiana engelhardti subtropica*　　Disc1-20, 37, 38, Disc2-41; 解説 p.39
イブキヒメギス　*Eobiana japonica*　　Disc2-43, 44; 解説 p.138
ハラミドリヒメギス　*Eobiana nagashimai*　　Disc2-42; 解説 p.139
ミヤマヒメギス　*Eobiana nippomontana*　　Disc2-45; 解説 p.139
ヒョウノセンヒメギス　*Eobiana* sp.　　Disc2-46; 解説 p.138
コバネヒメギス　*Chizuella bonneti*　　Disc1-37; 解説 p.40
ヒサゴクサキリ　*Palaeoagraecia lutea*　　Disc1-44; 解説 p.46
カヤキリ　*Pseudorhynchus japonicus*　　Disc1-42, 44; 解説 p.43
ズトガリクビキリ　*Pyrgocorypha subulata*　　Disc2-54, 55; 解説 p.148
クサキリ　*Ruspolia lineosa*　　Disc1-19, 43; 解説 p.45
ヒメクサキリ　*Ruspolia dubia*　　Disc1-68, 72, Disc2-32; 解説 p.127
オオクサキリ　*Ruspolia* sp.　　Disc1-40, 41; 解説 p.43
シブイロカヤキリ　*Xestophrys javanicus*　　Disc1-52; 解説 p.53
オキナワシブイロカヤキリ　*Xestophrys platynotus*　　Disc1-76; 解説 p.77
クビキリギス　*Euconocephalus varius*　　Disc1-50, 51; 解説 p.53
オガサワラクビキリギス　*Euconocephalus nasutus*　　Disc1-85; 解説 p.85
キタササキリ　*Conocephalus fuscus*　　Disc1-71; 解説 p.72
ウスイロササキリ　*Conocephalus chinensis*　　Disc1-06; 解説 p.8
オナガササキリ　*Conocephalus gladiatus*　　Disc1-21, Disc2-23, 65; 解説 p.20
コバネササキリ　*Conocephalus japonicus*　　Disc1-23; 解説 p.23
ササキリ　*Conocephalus melaenus*　　Disc2-72, 79; 解説 p.170
カスミササキリ　*Orchelimum kasumigauraense*　　鳴き声未収録; 解説 p.27

タイワンウマオイ　*Hexacentrus unicolor*　Disc1-77, 78, Disc2-63, 64, 67, 68; 解説 p.161
ハヤシノウマオイ　*Hexacentrus hareyamai*　Disc1-07, 12, 20, Disc2-01, 14, 15, 16, 17, 35, 37; 解説 p.111
ハタケノウマオイ　*Hexacentrus japonicus*　Disc1-01, 30, Disc2-08; 解説 p.31
アシグロウマオイ　*Hexacentrus fuscipes*　Disc1-77, 78, Disc2-63; 解説 p.78

クツワムシ科　Mecopodidae
タイワンクツワムシ　*Mecopoda elongata*　Disc2-66; 解説 p.159
クツワムシ　*Mecopoda niponensis*　Disc1-11, Disc2-09, 13, 22; 解説 p.109

ヒラタツユムシ科　Pseudophyllidae
ヒラタツユムシ　*Togona unicolor*　Disc2-63; 解説 p.157

ツユムシ科　Phaneropteridae
セスジツユムシ　*Ducetia japonica*　Disc1-08, Disc2-09, 78; 解説 p.103
エゾツユムシ　*Kuwayamaea sapporensis*　Disc1-68, 69, Disc2-31, 47; 解説 p.140
ホソクビツユムシ　*Shirakisotima japonica*　Disc1-47, Disc2-48; 解説 p.141
ヤエヤマオオツユムシ　*Elimaea yaeyamensis*　Disc2-82, 83, 84, 86; 解説 p.172
ダイトウクダマキモドキ　*Phaulula daitoensis*　Disc2-73; 解説 p.165
ヒメクダマキモドキ　*Phaulula macilenta*　Disc2-11; 解説 p.104
ヤマクダマキモドキ　*Holochlora longifissa*　Disc2-19; 解説 p.113
ヘリグロツユムシ　*Psyrana japonica*　Disc2-49; 解説 p.142
オキナワヘリグロツユムシ　*Psyrana ryukyuensis*　Disc2-62, 64; 解説 p.155
サキオレツユムシ　*Isopsera sulcata*　Disc2-62; 解説 p.155
ナカオレツユムシ　*Isopsera denticulata*　鳴き声未収録; 解説 p.156

コオロギ科　Gryllidae
クロツヤコオロギ　*Phonarellus ritsemai*　Disc1-53, 54, Disc2-03; 解説 p.55
フタホシコオロギ　*Gryllus bimaculatus*　Disc1-87; 解説 p.86
エゾエンマコオロギ　*Teleogryllus infernalis*　Disc1-74, 75; 解説 p.75
エンマコオロギ　*Teleogryllus emma*　Disc1-04, 07, 15, 16, 17, 18, 20, 28, 37, 72, 74, Disc2-15, 23, 33; 解説 p.18
タイワンエンマコオロギ　*Teleogryllus occipitalis*　Disc1-45, 76, 83, 85, 90, Disc2-70; 解説 p.162
マメクロコオロギ　*Melanogryllus bilineatus*　Disc1-94; 解説 p.92
ヒメコガタコオロギ　*Modicogryllus consobrinus*　Disc1-88, 90; 解説 p.87
タンボコオロギ　*Modicogryllus siamensis*　Disc1-55, 80; 解説 p.55
クマコオロギ　*Mitius minor*　Disc1-16, 17, 18, 19, 25; 解説 p.19
ヒメコオロギ　*Comidogryllus nipponensis*　Disc1-27; 解説 p.28
ネッタイオカメコオロギ　*Loxoblemmus equestris*　Disc1-85, 88, Disc2-65, 68, 76, 80; 解

説 p.171
モリオカメコオロギ　*Loxoblemmus sylvestris*　　Disc1-07, 13, Disc2-19, 20, 34, 49; 解説 p.116
ハラオカメコオロギ　*Loxoblemmus campestris*　　Disc1-05, 06, 08, 12, 19, 23, 37, Disc2-15; 解説 p.14
タンボオカメコオロギ　*Loxoblemmus aomoriensis*　　Disc1-22, 73; 解説 p.22
ミツカドコオロギ　*Loxoblemmus doenitzi*　　Disc1-04, 28; 解説 p.6
オオオカメコオロギ　*Loxoblemmus magnatus*　　Disc1-01, 02; 解説 p.4
ツシマオカメコオロギ　*Loxoblemmus tsushimensis*　　Disc1-14; 解説 p.16
クチナガコオロギ　*Velarifictorus aspersus*　　Disc2-25; 解説 p.119
ツヅレサセコオロギ　*Velarifictorus micado*　　Disc1-02, 12, 13, 19, 25; 解説 p.15
ナツノツヅレサセコオロギ　*Velarifictorus grylloides*　　Disc1-54, Disc2-04, 05, 07, 60, 61, 68, 82, 83, 84, 85, 86; 解説 p.154
コガタコオロギ　*Velarifictorus ornatus*　　Disc1-53, 54; 解説 p.56
カマドコオロギ　*Gryllodes sigillatus*　　Disc1-83, 84; 解説 p.84
クマスズムシ　*Sclerogryllus punctatus*　　Disc2-09, 20, 59; 解説 p.116

マツムシ科　Eneopteridae
クチキコオロギ　*Duolandrevus ivani*　　Disc1-11, 44, Disc2-01, 02, 12, 57, 59, 62, 74; 解説 p.98
ヤエヤマクチキコオロギ　*Duolandrevus guntheri*　　Disc2-82, 83, 84, 87; 解説 p.174
ヨナグニクチキコオロギ　*Duolandrevus yonaguniensis*　　Disc2-85; 解説 p.174
マダラコオロギ　*Cardiodactylus guttulus*　　Disc2-56, 66, 67, 77, 81, 87, 88; 解説 p.176
コバネマツムシ　*Lebinthus yaeyamensis*　　鳴き声未収録; 解説 p.177
マツムシ　*Xenogryllus marmoratus marmoratus*　　Disc1-01, 02, 03, 05, 09, 10, 30; 解説 p.12
オキナワマツムシ　*Xenogryllus marmoratus unipartitus*　　Disc2-71; 解説 p.163
リュウキュウサワマツムシ　*Vescelia pieli ryukyuensis*　　Disc2-56, 57, 86; 解説 p.175
アオマツムシ　*Truljalia hibinonis*　　Disc1-06, 18, Disc2-08, 09, 10, 11, 16, 19, 26, 27, 32, 49; 解説 p.121
スズムシ　*Meloimorpha japonica*　　Disc1-01, 02, 03, 05, 06, 08, Disc2-10; 解説 p.10
カンタン　*Oecanthus longicauda*　　Disc1-05, 07, 08, 09, 68, Disc2-15, 37, 49; 解説 p.8
インドカンタン　*Oecanthus indicus*　　Disc1-91; 解説 p.89
チャイロカンタン　*Oecanthus rufescens*　　Disc1-89; 解説 p.89
ヒロバネカンタン　*Oecanthus euryelytra*　　Disc1-03, 10, 30, 31, 46, 83, 90; 解説 p.48
コガタカンタン　*Oecanthus similator*　　Disc2-50; 解説 p.143

ヒバリモドキ科　Trigonidiidae
ヤマトヒバリ　*Homoeoxipha obliterata*　　Disc2-12, 33, 72; 解説 p.106
フタイロヒバリ　*Homoeoxipha lycoides*　　Disc1-81; 解説 p.80

| カヤヒバリ | *Natula pallidula* | Disc1-39, Disc2-64; 解説 p.158
| キンヒバリ | *Natula matsuurai* | Disc2-18, 74; 解説 p.113
| タイワンカヤヒバリ | *Svistella henryi* | Disc1-77, 78; 解説 p.79
| クサヒバリ | *Svistella bifasciata* | Disc1-19, 21, Disc2-10, 11, 23, 30; 解説 p.118
| イソスズ | *Thetella elegans* | Disc1-92; 解説 p.90
| エゾスズ | *Pteronemobius yezoensis* | Disc1-56, Disc2-51; 解説 p.58
| ヤチスズ | *Pteronemobius ohmachii* | Disc1-24, 25; 解説 p.24
| ネッタイヤチスズ | *Pteronemobius indicus* | Disc2-69; 解説 p.161
| ヒメスズ | *Pteronemobius nigrescens* | Disc2-21; 解説 p.117
| リュウキュウチビスズ | *Pteronemobius sulfurariae* | Disc2-58, 61, 72; 解説 p.152
| マダラスズ | *Dianemobius nigrofasciatus* | Disc1-11, 26, Disc2-37; 解説 p.13
| ハマスズ | *Dianemobius csikii* | Disc1-31; 解説 p.32
| カワラスズ | *Dianemobius furumagiensis* | Disc1-32; 解説 p.33
| シバスズ | *Polionemobius mikado* | Disc1-04, 06, 12, 27, 28, 29, 37, 45, 71; 解説 p.29
| ネッタイシバスズ | *Polionemobius taprobanensis* | Disc1-85, 86, 89, 91; 解説 p.86
| ヒゲシロスズ | *Polionemobius flavoantennalis* | Disc1-05; 解説 p.6

カネタタキ科　Mogoplistidae
| カネタタキ | *Ornebius kanetataki* | Disc2-10, 11, 27, 28, 29, 83, 87, 88; 解説 p.123
| イソカネタタキ | *Ornebius bimaculatus* | Disc1-93, Disc2-77; 解説 p.169
| リュウキュウカネタタキ | *Ornebius longipennis ryukyuensis* | Disc2-56, 67, 81; 解説 p.172
| ヒルギカネタタキ | *Ornebius fuscicerci* | Disc2-75; 解説 p.166
| オチバカネタタキ | *Tubarama iriomotejimana* | Disc2-76; 解説 p.168

ケラ科　Gryllotalpidae
| ケラ | *Gryllotalpa orientalis* | Disc1-26, 79; 解説 p.26

バッタ科　Acrididae
| ナキイナゴ | *Mongolotettix japonicus* | Disc1-47, 48, 64, Disc2-38; 解説 p.49
| ヒザグロナキイナゴ | *Podismopsis genicularibus* | Disc1-70; 解説 p.71
| ヒロバネヒナバッタ | *Stenobothrus fumatus* | Disc2-51, 52; 解説 p.145
| ヒナバッタ | *Glyptobothrus maritimus maritimus* | Disc1-65, Disc2-34; 解説 p.129
| ヒゲナガヒナバッタ | *Schmidtiacris schmidti* | Disc1-49; 解説 p.50
| タカネヒナバッタ | *Chorthippus intermedius* | Disc1-57; 解説 p.60
| クモマヒナバッタ | *Chorthippus kiyosawai* | Disc1-61; 解説 p.63
| ミヤマヒナバッタ | *Chorthippus supranimbus supranimbus* | Disc1-62, 63; 解説 p.65
| エゾコバネヒナバッタ | *Chorthippus fallax strelkovi* | Disc1-58; 解説 p.62
| ヤマトコバネヒナバッタ | *Chorthippus fallax yamato* | Disc1-59; 解説 p.62
| ヤツコバネヒナバッタ | *Chorthippus fallax yatsuanus* | Disc1-60; 解説 p.63
| マダラバッタ | *Aiolopus thalassinus tamulus* | Disc1-95; 解説 p.94

対馬にて，ウスリーヤブキリの録音中

村井貴史（むらい たかし）
　1967 年　大阪市に生まれる
　　　　　京都大学大学院農学研究科修了　農学博士
　　　　　『バッタ・コオロギ・キリギリス大図鑑』（分担執筆，
　　　　　2006），『バッタ・コオロギ・キリギリス生態図鑑』（共著，
　　　　　2011）などの出版に関わる
　現　在　水族館に勤務

バッタ・コオロギ・キリギリス 鳴き声図鑑
―日本の虫しぐれ―

2015 年 9 月 25 日　第 1 刷発行
2016 年 7 月 10 日　第 3 刷発行

著　者　村　井　貴　史
発行者　櫻　井　義　秀

発行所　北海道大学出版会
札幌市北区北 9 条西 8 丁目 北海道大学構内（〒 060-0809）
Tel. 011(747)2308・Fax. 011(736)8605・http://www.hup.gr.jp

㈱アイワード　　　　　　　　　　　　　Ⓒ 2015　村井　貴史

ISBN978-4-8329-1400-1

バッタ・コオロギ・キリギリス生態図鑑	村井貴史著 伊藤ふくお	四六・452頁 価格2600円
バッタ・コオロギ・キリギリス大図鑑	日本直翅類学会編	Ａ４・728頁 価格50000円
札幌の昆虫	木野田君公著	四六・416頁 価格2400円
日本産マルハナバチ図鑑	木野田君公 高見澤今朝雄著 伊藤　誠夫	四六・194頁 価格1800円
マルハナバチ ―愛嬌者の知られざる生態―	片山　栄助著	Ｂ５・204頁 価格5000円
新装版　里山の昆虫たち ―その生活と環境―	山下　善平著	Ｂ５・148頁 価格2500円
原色日本トンボ幼虫・成虫大図鑑	杉村光俊他著	Ａ４・956頁 価格60000円
日本産トンボ目幼虫検索図説	石田　勝義著	Ｂ５・464頁 価格13000円
世界のタテハチョウ ―卵・幼虫・蛹・成虫・食草―	手代木　求著	Ａ４・568頁 価格32000円
完本　北海道蝶類図鑑	永盛　俊行 永盛　拓行 芝田　翼著 黒田　哲 石黒　誠	Ｂ５・406頁 価格13000円
ウスバキチョウ	渡辺　康之著	Ａ４・188頁 価格15000円
ギフチョウ	渡辺康之編著	Ａ４・280頁 価格20000円
エゾシロチョウ	朝比奈英三著	Ａ５・48頁 価格1400円
蝶の自然史 ―行動と生態の進化学―	大崎直太編著	Ａ５・286頁 価格3000円
アシナガバチ一億年のドラマ ―カリバチの社会はいかに進化したか―	山根　爽一著	四六・316頁 価格2800円
スズメバチを食べる ―昆虫食文化を訪ねて―	松浦　誠著	四六・356頁 価格2600円
虫たちの越冬戦略 ―昆虫はどうやって寒さに耐えるか―	朝比奈英三著	四六・198頁 価格1800円
新　北海道の花	梅沢　俊著	四六・464頁 価格2800円

―北海道大学出版会―

価格は税別